中国消防救援学院规划教材

地形学应用基础

主　　编　　周国全　　赵国刚

编写人员　　邵贵海　　邵　彬　　冷　强

　　　　　　张华忠　　杨渤海

应急管理出版社

·北　京·

图书在版编目（CIP）数据

地形学应用基础／周国全，赵国刚主编 . − − 北京:应
急管理出版社，2022（2023.8 重印）

中国消防救援学院规划教材

ISBN 978 − 7 − 5020 − 9047 − 0

Ⅰ. ①地… Ⅱ. ①周… ②赵… Ⅲ. ①地貌学—高等
学校—教材 Ⅳ. ①P931

中国版本图书馆 CIP 数据核字（2022）第 128474 号

地形学应用基础（中国消防救援学院规划教材）

主　　编	周国全　赵国刚
责任编辑	闫　非
编　　辑	胡　畔
责任校对	李新荣
封面设计	王　滨

出版发行　应急管理出版社（北京市朝阳区芍药居 35 号　100029）
电　　话　010 − 84657898（总编室）　010 − 84657880（读者服务部）
网　　址　www.cciph.com.cn
印　　刷　河北鹏远艺兴科技有限公司
经　　销　全国新华书店
开　　本　787mm×1092mm$\frac{1}{16}$　印张　11　字数　236 千字
版　　次　2022 年 8 月第 1 版　2023 年 8 月第 2 次印刷
社内编号　20220827　　　　　　定价　33.00 元

前　　言

　　中国消防救援学院主要承担国家综合性消防救援队伍的人才培养、专业培训和科研等任务。学院的发展，对于加快构建消防救援高等教育体系、培养造就高素质消防救援专业人才、推动新时代应急管理事业改革发展，具有重大而深远的意义。学院秉承"政治引领、内涵发展、特色办学、质量立院"办学理念，贯彻对党忠诚、纪律严明、赴汤蹈火、竭诚为民"四句话方针"，坚持立德树人，坚持社会主义办学方向，努力培养政治过硬、本领高强，具有世界一流水准的消防救援人才。

　　教材作为体现教学内容和教学方法的知识载体，是组织运行教学活动的工具保障，是深化教学改革、提高人才培养质量的基础保证，也是院校教学、科研水平的重要反映。学院高度重视教材建设，紧紧围绕人才培养方案，按照"选编结合"原则，重点编写专业特色课程和新开课程教材，有计划、有步骤地建设了一套具有学院专业特色的规划教材。

　　本套教材以马克思列宁主义、毛泽东思想、邓小平理论、"三个代表"重要思想、科学发展观、习近平新时代中国特色社会主义思想为指导，以培养消防救援专门人才为目标，按照专业人才培养方案和课程教学大纲要求，在认真总结实践经验，充分吸纳各学科和相关领域最新理论成果的基础上编写而成。教材在内容上主要突出消防救援基础理论和工作实践，并注重体现科学性、系统性、适用性和相对稳定性。

　　《地形学应用基础》由中国消防救援学院教授周国全、讲师赵国刚任主编。参加编写的人员及分工：周国全编写绪论、第一章、第二章、第四章，赵国刚编写第三章的第一节和第二节，邵贵海编写第三章的第三节和第四节，邵彬编写第五章的第一节，冷强编写第五章的第二节，张华忠编写第五章的第三节，杨渤海编绘插图。

　　本套教材在编写过程中，得到了应急管理部、兄弟院校、相关科研院所的大力支持和帮助，谨在此深表谢意。

由于编者水平所限，教材中难免存在不足之处，恳请读者批评指正，以便再版时修改完善。

中国消防救援学院教材建设委员会

2022 年 4 月

目　　录

绪　　论

任何消防救援行动计划都是依据灾害事故情况、救援队伍情况与地形条件制定的，凡是科学的行动计划，一定是巧取地利、因地用力，借地利夺取和控制救援行动主动权的实施方案。行动的成败，在相当程度上取决于地形利用得正确与否。

一、地形学应用基础课程及其研究内容

地形是地貌和地物的总称。地貌是指地表的起伏状态和性质，地物是指地面上位置固定的物体。地形是消防救援行动的"舞台"，是构成消防救援行动的基本要素，制约着消防救援力量的投入、装备的使用并影响行动方式与规模。

地形学应用基础课程，是从消防救援行动需要出发，研究识别和利用地形的一门应用课程。其研究的内容主要包括消防救援中各类地图及航空（遥感）图像等地形资料的识别判读技能与现地应用技能、分析救援地形三个部分。其中，地形资料的识别判读与现地应用具体指对地形图、交通图、城区图、航空（遥感）像片、电子地图等各类地图及图像的识别与应用技能，以及地形略图调制与测绘、沙盘堆制、卫星导航定位等实践过程；分析救援地形包括地形分类、地形要素特点以及救援地形分析等具体操作理论。

地形学应用基础课程的主体内容构成同其他课程和学科一样，不是孤立发展的，它在其自身发展过程中，需要吸收、运用其他学科的知识和成果，与测绘学、消防救援战术理论、消防救援指挥理论等都有着密切的关联。比如，测绘技术手段和技术成果的发展能为地形学应用研究提供精确、可靠的科学基础保证。而地形学应用研究的发展，又对测绘技术手段和成果的改进提出了新的要求，从而促进测绘学的发展。地形学应用研究内容又将随着测绘技术新成果的产生而更新丰富。从这一点上说，地形学应用研究是测绘技术成果在消防救援行动中的推广与应用；又如，地形对消防救援战术行动的影响，是地形学应用研究内容的出发点与归宿。地形学应用研究地形、评价地形的结论，为消防救援战术行动中正确地利用地形提供理论依据。而消防救援战术理论的发展，又指导、推动着地形学在应用层面的深入研究和发展，两者相互依赖、相互促进。地形学应用基础课程的主要内容，是消防救援指挥活动中必须掌握的知识和技能；消防救援指挥理论的发展和完善，是推动地形学应用基础课程内容充实的动力。

二、地形学应用基础课程的地位

地形学应用基础课程隶属于《地形学》这一学科体系，源于《孙子兵法》中的"九

地篇""行军篇"与"地形篇"等基础理论。"地形学"的称谓，在我国始于1906年滕利芳的《地形学》。1929年出版的《地形学教程》（修订本）分为地势、地利、绘图、测绘四篇，作者指出："官长者常须潜心研究地形，或于现地，或于图上，以养成其具有正确认识其地形，适当称量其价值之能力也。"1945年中共中央学校军事教员研究班编印的《地形学教程》（全册）分为地形概说、认识地形图、测略图、现地应用要图作业、利用地图等五章，作者指出：地形学是研究广大地面上高低起伏状态，山、河、田、园、市、乡村各种不同种类区域的描绘成图的方法和利用地图的方法，是一种应用测量科学。18世纪末期，英国的哈劳埃德也曾指出："熟悉地形就像学会几何学一样，可以准确地计算一切作战活动。"

当今，地形对消防救援行动有诸多制约因素，地形分析的范围和深度也随之扩大深化，地形研究日渐成为消防救援队伍、院校训练的一门必修课目，并与其他消防救援专业训练有着紧密联系。地形学应用基础课程，正是着眼于解决如何根据消防救援行动的现场地形实际，进行有的放矢的研究，并对地形的利用、改造提出辅助决策性意见，以达到队伍因地而强、地因队伍而固的目的。地形学应用基础课程的基本内容和研究地形的方法，是消防救援队伍指战员必须具备的知识和技能之一。

三、地形学应用基础课程的研究方法

研究方法主要是依据地形资料进行理论分析，辅以现地勘察、地形模型和救援模拟等方式，明确各种地形的特征以及对消防救援行动的影响，找出其规律，吸收利用地形和使用地图、遥感图像的经验，不断丰富和发展地形学应用基础课程。

对地形的研究主要通过地形图，即利用地形图点位准确、小面积范围内图形与实地相似、等高线能形象显示地貌形态与高程的特性，重点研究现场的地形类别、坡度与越野通行的关系，通视与遮蔽地域等任务范围内地形的性状，以及现地利用地形图判定站立点、目标点和按图行进等具体应用问题。

现地勘察就是通过对实际地貌的起伏状况，道路、河流、植被等地形要素的观察，分析地形对消防救援行动的影响。这种方式是地形学应用基础课程研究地形的最原始、最基本的方式。在不能进行现地勘察时，也可以采用堆制的任务区地形模型来进行研究。

对"全灾种""大应急"的全方位消防救援要求而言，要快速、实时地进行地形分析，并综合各种地形因素进行判断评估，必须制作与之相应的数字地图、电子地图、数字地形模型（DTM），以及建立相应的地形数据库，以便利用计算机快速地进行地形分析和辅助指挥决策，显然这将是地形学应用基础课程研究方法与手段的发展方向。此外，利用遥感图像及地形环境仿真等进行地形分析，也将占有重要的位置。在实战化的地形保障中，还需要建立运用相应的地形分析与辅助决策信息系统。

四、地形学应用基础课程的教学与训练要求

地形学应用基础课程实用性强，用于教学与训练时应注意以下四个方面：

一要把握重点内容。教学训练中，应根据地形学应用基础课程教学基本要求，结合各院校训练对象以及培养目标，制订相应的教学计划，择取相关的内容。其中，地形资料的识别是地形学应用基础课程的基础内容，地形类别及对消防救援行动的影响特点是地形分析的基础理论，应是指战员必须掌握的基本知识。

二要联系实际施训。地形学应用基础课程的研究对象是地形，因此首要的是联系地形实际，多搞实地训练，要注意与其他专业课目相结合，如进行消防救援演训时，既要了解不同灾害事故救援行动对地形条件的要求，又要研究地形对救援方法、技术运用的影响。

三要勤于练习实践。地形学应用基础课程是一门应用课程，只有多练才能掌握要领，熟能生巧，把握关键。在基本技能的训练方面，如确定站立点和目标点的图上位置和量取坐标等，应反复操作。在实地地形的对照练习时，应善于把眼前看到的实际地形，联想转换为图上的标识；从图上显示的地形，联想出实地地形形态，特别是在对照地貌时，应加强实地形态与等高线形状的转换练习。在综合研究地形时，应多通过案例分析，反思对地形的分析判断是否客观准确，检核救援队伍采取的部署与行动是否充分考虑到了地形的利弊因素影响，从而提高分析地形的实践能力。

四要坚持创新发展。地形学应用基础课程是随救援科技发展而不断发展的一门课程。要善于利用高科技手段，着眼于新装备、新技术及救援战法创新对地形的要求，充实教学内容，改进训练方法，提高实际技能，不断促进地形学应用基础课程的创新发展和完善提高，以保证教学训练效果的先进性。

第一章　地　图　概　述

地图是消防救援队伍执行任务的重要资料工具。本章概述了地图及其分类、地图比例尺、坐标、方位角等内容，便于消防救援人员学会识读地图，掌握通过地图分析任务区域地形参数的技能。

第一节　地图及其分类

地图，是地球表面的缩写。它是按照一定的数学法则，用特定的图式符号、颜色和文字注记，将地球表面的自然和社会现象经过一定的制图综合测绘于平面上的图。其特点如下：

一是有一定的数学法则。地球是一个近似椭球体，它的表面是一个复杂的、起伏不平的曲面。而地图则是一个平面介质，要把这个曲面展绘成平面图形，就必须通过一定的数学法则（即采用适当的投影方法和一定的比例关系），才能将地球表面的自然和社会现象描绘到平面上，这样才能在图上进行长度（距离）、角度、高度、面积和坐标等内容的量读和计算。

二是有特定的图式符号。地面上的物体种类繁多，形状、大小不一，有些物体能依比例表示，有些物体不能依比例表示，有些是无形事物。为了将其恰当清晰地表示在地图上，就必须采用特定的图式符号。

三是有规定的颜色。地球表面各种物体的自然色彩是十分丰富的，某些物体的位置还会叠加在一起。为了增强地图的地理景观和艺术感，又不使地图显得杂乱无章，规定了使用与自然相类似的颜色进行描绘。如森林用绿色、水系用蓝色、地貌用棕色等。

四是有规定的文字、数字注记。物体的名称、质量和数量等，有些在实地是看不见的，也难以在图上用符号表达。为了提高地图的表现力和使用价值，在地图上以规定的字体和大小，用文字和数字予以注明，使看不见的现象变成看得见的实体。

五是经过一定的制图综合。由于地球表面的自然和社会现象是无穷的，测绘时，不可能、也没有必要全部表示在地图上。因此制图时，就必须依据用图目的，按照物体的重要程度进行取舍。并对那些形态比较复杂的物体，按其质量状况进行简化，以保证地图更加清晰易读，这种方法称之为制图综合。

根据某些特征，可以把地图归纳成一定的种类，通常按其内容、比例尺大小、制图区域、用途等进行划分。

一、按内容分类

地图按其内容可分为专题地图和普通地图两大类。

1. 专题地图

专题地图是根据专业方面的需要，突出反映一种或几种主题要素或现象的地图，如地质图、水文图、人口图、行政区划图、交通图、植被图等。其中，作为主题的要素表示得很详细，而其他要素则视反映主题的需要，作为地理基础概略表示。主题内容可以是普通地图上所固有的要素，例如：行政区划图的主题是居民地的行政等级及境界，它们都是普通地图上固有的内容。但更多的是属于专业部门特殊需要的内容，例如：气候地图表示的各种气候因素的空间分布、地质图上表达的各种地质现象、环境地图中表示的污染与保护情况、土壤图表示的土壤种类等等。专题地图按其内容性质可进一步区分为自然现象地图（自然地理图）和社会现象地图（社会经济地图）。

2. 普通地图

普通地图是以相对平衡的详细程度，表示地球表面的水系、地貌、土质、植被、居民地、交通网、境界等自然现象和社会现象的地图。它比较全面地反映了制图区域的自然人文环境、地理条件和人类改造自然的一般状况，反映出自然、社会经济等方面的相互联系和影响的基本规律。随着地图比例尺的不同，所表达的内容详简程度也有很大的差别。

普通地图按内容的概括程度、区域及图幅的划分状况等进一步区分为地形图和地理图。其中，地形图是消防救援行动的重要用图，能够较为准确地表示地物、地貌的平面位置、距离和高程等。地形图比例尺通常不小于1：100万，地物用地物符号表示，地貌用等高线表示，能反映地球表面的高低起伏特征和实际高程，具有一定的立体感。根据需要和用途，每个国家都有自己的比例尺系列，并且具有很强的连续性。我国把1：1万、1：2.5万、1：5万、1：10万、1：25万、1：50万、1：100万这七种比例尺的地形图规定为国家基本比例尺地形图，它们是按国家统一测图编图规范和图式进行测制或编制的地形图。不同比例尺的地形图，其制作与适用对象也略有区别：

（1）1：1万、1：2.5万地形图，是经过实地调查测绘而成的，对地形的显示最精确、详细。但每幅图包括的实地范围较小，所以只在重要城市、要塞、基地和重点设防地区测制，主要供支队以下队伍（分队）研究地形、组织指挥消防救援行动时使用。

（2）1：5万地形图，也是经过实地调查测绘而成的，对地形的显示比较详细、精确。能在图上进行精确量测计算和分析研究地形，是总队、支队指挥机关组织训练和指挥消防救援行动的基本用图。同时，也是编制各种小比例尺地形图的基础。

（3）1：10万地形图，多数是根据1：5万地形图编绘的，少数地区（如草原、戈壁地区）是经过实地调查测绘的，较1：5万地形图概括些，也具有1：5万地形图的特点。主要供总队以上指挥机关组织计划消防救援行动时使用，还可供空降救援时选定着陆场使用。

（4）1：25万和1：50万地形图，是根据1：10万地形图编绘的，能以较小的幅面显示较大地区的地形概貌。主要供省级及其以上应急管理领导机关研究区域常态应急力量部署、拟定各省防灾减灾救灾及安全生产计划、指挥域内消防救援力量协同行动时使用。

（5）1：100万地形图，是根据1：25万、1：50万地形图编绘的，它以更小的幅面显示更广大地区的地理总貌。主要供国家应急管理机构研究全国"大应急"常态力量部署、拟定全国防灾减灾救灾及生产安全防控与督导计划、指挥全国消防救援力量协同行动时使用。

二、按比例尺大小分类

地图按比例尺大小分类是一种习惯上的分类方法，它的意义在于地图比例尺影响着地图内容的详略程度和使用特点。由于比例尺并不能直接体现地图的内容和特点，且比例尺的大小又有其相对性，它不能单独作为地图分类的标志，往往作为二级分类标志与地图按内容分类联系起来使用。在普通地图中，我国地图按比例尺可分为：

（1）大比例尺地图：1：10万及更大比例尺的地图。

（2）中比例尺地图：小于1：10万到大于1：100万比例尺之间的地图。

（3）小比例尺地图：1：100万及更小比例尺的地图。

但这种划分也是相对的，不同的国家、国内不同的地图生产部门的分法都不一定相同。

三、按制图区域分类

地图按制图区域分类，就是按地图所包括的空间加以区别。地图制图区域分类可按自然区和行政区来细分：

（1）按自然区可分为：世界地图、东半球图、西半球图、大洲地图（如亚洲地图、欧洲地图等）、南极地图、北极地图、大洋地图（如太平洋地图、大西洋地图等）、自然区域地图（如青藏高原地图、长江流域地图等）。

（2）按行政区可分为：国家地图、省（区）地图、市（县）地图和乡镇地图等。此外，还可以按经济区划或其他的区划标志分类。随着空间技术的发展，出现了其他行星的地图，如月球图、火星图等，亦可以列入按制图区域的分类之中。

四、按地图用途分类

地图按其用途分类，是就使用者的范围而言，可分为通用地图与专用地图两种：

（1）通用地图为广大读者提供科学参考或一般参考，例如，中华人民共和国挂图、世界挂图等。

（2）专用地图为各种专门用途而制作，例如航空飞行用的航空图、学生用的教学挂图等。

亦可以按其用途分为民用地图和军用地图两种。民用地图可以进一步分为国民经济建设与管理地图（如自然条件和资源调查与评价图、行政区划图、土地利用地图和规划地图等），教育、科学与文化地图（如教学地图、科学参考图、文化教育图、交通旅游地图）；军用地图可以进一步划分为战术图、战役图、战略图，或者分为军用地形图、协同图，以及航空图、航海图等。

五、按地图其他标志分类

地图按其感受方式，可分为视觉地图和触觉（盲文）地图。

地图按其结构，可分为单幅图、系列图和地图集等。

地图按其语言，可分为汉语地图、各少数民族语言地图和外文地图等。

地图按瞬时状态，可分为静态地图和动态地图。

地图按存储介质，可分为纸质地图、丝绸地图、数字地图和电子地图等。

地图按维数，可分为二维的一般平面地图、三维的立体显示地图，以及增加时间维的四维立体地图等。

地图按其使用方式，可分为桌面用图、挂图、野外用图等。

第二节　地图比例尺

理解地图比例尺的概念及表示形式，掌握地形图上距离量算和实际距离换算的方法，是地形图准确量算的基础。

一、地图比例尺的概念

地球表面积很大，要把它展绘在平面上，就必须予以缩小。缩小时，地图上的长度与相应实地长度必须保持一定的比例关系，以这种比例关系作为两者之间的量算尺度，这个尺度就叫地图比例尺。因此，地图比例尺的定义是图上某线段的长与相应实地水平距离之比。即

$$地图比例尺 = \frac{图上长度}{相应实地水平距离}$$

如图上两点长为 1 cm，实地该两点间的水平距离为 50000 cm，那么这幅地图的比例尺则为 1/50000 或 1∶5 万。

比例尺是一种没有单位的比值，因而相比的两个量的单位必须相同。地图比例尺的分子通常用 1 表示，以便了解地图缩小的倍数，如"1∶5 万"即缩小五万倍，"1∶10 万"即缩小十万倍。

地图比例尺的大小，是按比值的大小来衡量的，比值的大小可根据比例尺分母确定，分母小则比值大，比例尺就大；分母大则比值小，比例尺就小。如：1∶2.5 万＞1∶5 万，

1：50 万＜1：10 万。

由于地图的使用目的和要求不同，因而地图的比例尺也就不同。不同的比例尺，图上长度相当于实地的水平距离也就不一样，见表 1－1。

表 1－1　图上长度与实地水平距离对照表

地图比例尺	图上长/cm	实地水平距离/m
1：2.5 万	1	250
1：5 万	1	500
1：10 万	1	1000
1：25 万	1	2500
1：50 万	1	5000

一幅地图，当图幅面积一定时，比例尺越大，其图幅所包括的实地范围就越小，但图上显示的内容就越详细；比例尺越小，图幅包括的实地范围就越大，但图上显示的内容就越简略。

因为地图的精度是随着比例尺的缩小而降低的，所以地图比例尺越大则误差越小，图上量测的精度越高；比例尺越小则误差越大，图上量测的精度也就越低。

由于地图比例尺大小不同，地图的特点也不一样，因而在使用地图时，应根据任务和需要适当选用。

二、比例尺的表示形式

地图比例尺通常绘注在南图廓的下方，其表示形式有以下三种：

1. 数字式

它是用比例式或分数式表示的。如：1：5 万或 1/50000。

2. 文字式

它是用文字叙述的形式予以说明的。如："百万分之一""二万五千分之一"或"图上 1 厘米相当于实地 500 米"等。

3. 图解式

将图上长与实地长的比例关系用线段、图形表示的，叫图解比例尺。图解比例尺有直线比例尺、投影比例尺等形式，地形图上多采用直线比例尺。

（1）直线比例尺。直线比例尺是用直线（单线或双线）表示的，图 1－1 为 1：5 万直线比例尺，从 "0" 向右为尺身，尺身上 1 大格是 1 cm，表示实地水平距离 0.5 km；从 "0" 向左为尺头，尺头上 1 小格是 1 mm，表示实地水平距离 50 m，10 小格（即 1 cm）代表实地水平距离 500 m（即 0.5 km）。

（2）投影比例尺。在小比例尺地图上，为了消除投影变形对图上量测的影响，按地

图1-1　1∶5万直线比例尺

图投影特性绘制的比例尺，叫投影比例尺（又叫经纬线比例尺）。它的图形和单位长，随着地图投影的不同而不同。图1-2为以墨卡托投影绘制的1∶500万投影比例尺。图中30°纬线为标准纬线（即投影面与地球椭球面相切或相割的纬线），只有标准纬线上的比例尺是1∶500万，而其他纬线上的比例尺则大于或小于标准纬线上的比例尺。利用投影比例尺量测距离时，对不同的地理位置，应到相应的纬线上去比量，如量测纬度在10°～30°之间的某两点间的距离，应在比例尺的20°线段上量取。

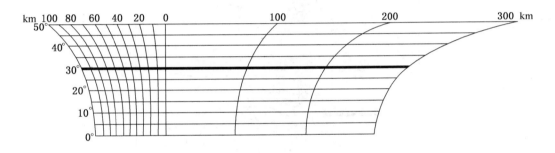

图1-2　投影比例尺［等角圆柱投影（墨卡托投影）；标准纬线30°；1∶500万］

三、图上量算实地距离

（一）量算实地水平距离

1. 用直尺量算

用直尺量算距离时，先用米尺从图上量取所求两点间的长度（cm），然后乘以该图比例尺分母，即得相应的实地水平距离（m或km）。其换算公式为

$$实地距离 = 图上长 \times 比例尺分母$$

如在1∶5万地形图上量得某两点间长为3.4 cm，则实地水平距离为

$$3.4 \times 50000 = 170000 \text{ cm} = 1700 \text{ m}$$

若已知实地距离，同样可以算出图上长，其公式为

$$图上长 = 实地距离 \div 比例尺分母$$

如已知两点间实地水平距离为5 km，在1∶2.5万地图上，其长度则为

$$5000 \div 25000 = 0.2 \text{ m} = 20 \text{ cm}$$

2. 在直线比例尺上比量

直线比例尺上注记的数字表示相应实地的水平距离。尺身注记公里数，用以量取整公里距离；尺头注记米数，用以量取不足整公里的距离。

在直线比例尺上量距离时，先用两脚规（或直尺、纸条）量出两点间的长度，并保持其张度，再到直线比例尺上比量。比量时，先使两脚规的一脚落在尺身的整公里数上，再使另一脚落在尺头上，即可直接读出两点间实地水平距离，如图 1-3 所示，甲、乙两点间实地水平距离为 1250 m。若两点间图上长大于直线比例尺长度时，可先在坐标线上比量（1:2.5 万和 1:5 万地形图的方格边长为实地水平距离 1 km，1:10 万地形图的方格长为实地水平距离 2 km），然后将不足方格边长的剩余部分，到直线比例尺上比量。

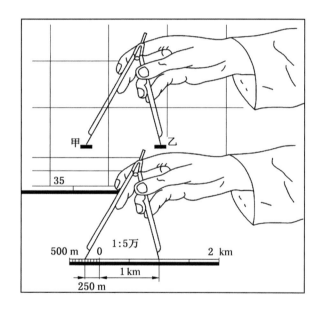

图 1-3　用两脚规量读距离

3. 用里程表量读

在地形图上量取弯曲路段或曲线距离时，使用指北针上的里程表比较方便。里程表由表盘、指针及滚轮三部分组成，表盘的外分划圈上有 1:100000、1:50000 等比例尺注记和公里数注记，每个数字均表示相应实地水平距离的公里数，如图 1-4 所示。

量读时，先使指针归 0（即指针对准盘内 0 处），然后手持里程表，将滚轮放在起点上（使指针按顺时针方向转动），沿所量线段滚至终点。指针在相应比例尺分划圈上所指的公里数，即为所求的实地水平距离数，如图 1-4 所示，指针在 1:5 万比例尺分划圈上的公里数为 50 km。

除上述三种量算距离的基本方法外，还可根据图上方里格和指幅等估计距离。

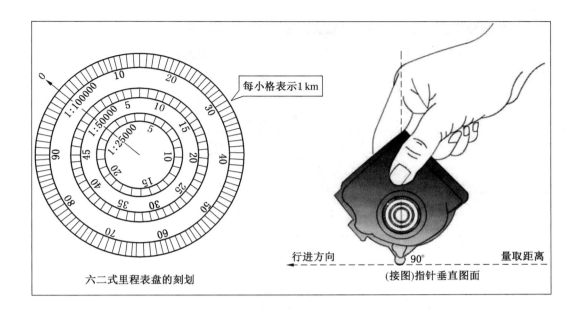

图 1-4 用里程表量读距离

在图上量算距离时，由于图纸的伸缩、折皱、工具本身的精度和眼睛的分辨能力等原因，总要产生一些误差，但一般情况下不会超过图上 1 mm 所对应的实地水平距离，因而对实际应用影响不大。

（二）水平距离的坡度改正

地形图上量读的两点间距离，都是水平距离，而实地总是起伏不平的，因此实际距离往往大于水平距离。也就是说，实际距离与水平距离之间有一个差值，将其差值尽量缩小，使之更接近实地距离，叫作坡度改正。

为了便于实际应用，下面介绍三种改正数，以供参考：

1. 坡度理论改正数

随着坡度的增大而增大，按其理论推算，应改正的数值见表 1-2。

表 1-2 坡度改正数

坡　度	改 正 数	坡　度	改 正 数
5°	+0.38%	25°	+10.34%
10°	+1.54%	30°	+15.47%
15°	+3.53%	35°	+22.08%
20°	+6.42%	40°	+30.54%

11

2. 坡度实际改正数

由于实地坡面并不是一个均匀的坡面，又加之道路多有弯曲，所以理论上的坡度改正数与实际的坡度改正仍有较大差别。根据队伍在一般地形上的实验，实际改正数值见表 1 - 3。

表 1 - 3   实 际 改 正 数

坡 度	改 正 数	坡 度	改 正 数
0° ~ 4°	+ 3%	20° ~ 24°	+ 40%
5° ~ 9°	+ 10%	25° ~ 29°	+ 50%
10° ~ 14°	+ 20%	30° ~ 34°	+ 65%
15° ~ 19°	+ 30%	35° ~ 40°	+ 80%

改正的方法是

$$实际距离 = 水平距离 + 水平距离 \times 改正数$$

例如，从图上量得两点间水平距离为 5 km，其平均坡度为 8°，则实地距离为

$$5 + 5 \times \frac{10}{100} = 5 + 0.5 = 5.5 \text{ km}$$

3. 坡度经验改正数

由于平均坡度不易求出，在实际应用时，通常按实际地形的经验数据（平坦地改正 10% ~ 15%，丘陵地改正 15% ~ 20%，山地改正 20% ~ 30%）来进行水平距离改正，其改正方法与上述方法相同。

第三节   地 图 坐 标

确定平面上或空间中某点位置的有次序的一组数值，称为该点的坐标。利用地图坐标能迅速准确地确定点位，指示目标，组织指挥消防救援行动。就我国地形图而言，其坐标有地理坐标和平面直角坐标两种。

一、我国的大地坐标系统

地球形状大体上是一个椭球体，为解决测量计算的有关问题，假想用一个长、短半径与地球的形状、大小极为接近的椭圆，即以椭圆的短轴（地轴）为旋转轴的"旋转椭球"来代替它，如图 1 - 5 所示。通过在参考椭球面上建立坐标系，就可以确定地面点在地球上的具体位置。当然，为了建立规范的地图坐标，需要首先确立符合国际统一基准的国内大地坐标系统。我国于 1954 年起选定北京的某点作为坐标原点，其他点的大地坐标均由北京原点作为起始点测算，这种平面坐标系统称为 1954 年北京坐标系。这一坐标系是按

苏联克拉索夫斯基椭球体参数基准而建立的，但经过较长时期的测绘实践证明，该椭球体参数自西向东有较大的系统性倾斜，大地水准面差距最大达 768 m，这对我国东部沿海地区的计算纠正造成了困难，并且其长轴比 1975 年国际大地测量协会推荐的地球椭球体参数大 105 m，因此我国从 1980 年起选用了 1975 年国际大地测量协会推荐的椭球体参数，并将大地坐标原点设在西安附近的泾阳县境内，并且此大地原点在我国居中位置，因而可以减少坐标传递误差的积累，以此称为 1980 年坐标系。随着空间和信息技术的迅猛发展和广泛普及，从 2008 年 7 月 1 日起，正式启用 2000 国家大地坐标系（CGCS2000），将其作为我国新一代的平面基准。

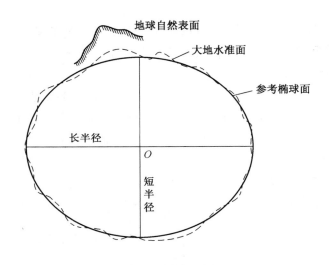

图 1-5 地球椭球体示意图

1. CGCS2000 国家大地坐标系

随着我国社会的进步，国民经济建设、国防建设、社会发展和科学研究等都对国家大地坐标系提出了新的要求，迫切需要采用原点位于地球质量中心的坐标系统（以下简称地心坐标系）作为国家大地坐标系。2008 年 3 月，由国土资源部正式上报国务院《关于中国采用 2000 国家大地坐标系的请示》，并于 2008 年 4 月获得国务院批准。

2000 国家大地坐标系，是我国当前最新的国家大地坐标系，英文名称为 China Geodetic Coordinate System 2000，英文缩写为 CGCS2000。CGCS2000 是全球地心坐标系在我国的具体体现，其原点为包括海洋和大气的整个地球的质量中心。2008 年 7 月 1 日后新生产的各类测绘成果，均须采用 CGCS2000 国家大地坐标系。

2. WGS-84 坐标系

WGS-84 坐标系是一种国际上采用的地心坐标系。原点是地球的质心，它是一个地固坐标系。WGS-84 地心坐标系可以与 1954 年北京坐标系或 1980 年西安坐标系等参心坐标系相互转换，和 CGCS2000 坐标系的参数区别见表 1-4。

表1-4　CGCS2000坐标系和WGS-84坐标系的参数区别

地球椭球参数	CGCS2000坐标系	WGS-84坐标系
长半轴	6378137	6378137
地心引力常数	$3.986004418 \times 10^{14}$	$3.986004418 \times 10^{14}$
自转角速度	$7.292\,115 \times 10^{-5}$	$7.292\,115 \times 10^{-5}$
扁率	1/298.257222101	1/298.257223563

二、地理坐标网及其应用

确定地面某点位置的经纬度数值叫该点的地理坐标，通常用度、分、秒表示。地理坐标各国通用，多用于航空、航海、边防和国际交往中。

（一）地理坐标网的构成

地理坐标网是由一组经线和纬线构成的。经、纬网的构成与起算，全世界是统一的，经度从格林尼治天文台子午仪中心的经线为零起算，向东、向西各180°；纬度从赤道起算，向南、向北各90°。这样，地球表面上任意一点都有一条经线和一条纬线通过。因此，用一组经、纬度，就可以指示或确定地球表面上任意一点的位置。

（二）地理坐标网的注记

地理坐标网通常只在1：25万～1：100万地形图上绘出，如图1-6所示，横线为纬

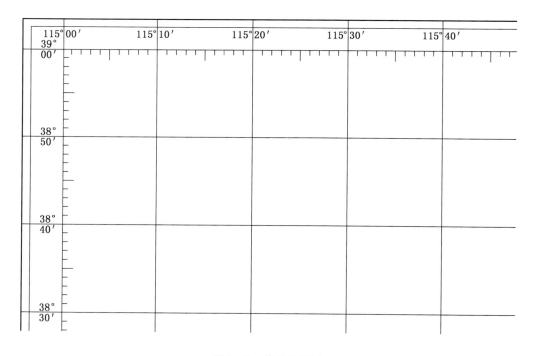

图1-6　地理坐标网

线，纬度值注记在东西内外图廓间；纵线为经线，经度值注记在南北内外图廓间。

在比例尺大于 1 : 25 万的地形图上，则只以"分"为单位，用短线在内外图廓之间标出，称为分度带。当需要时，再连接分度带的相应分划而构成地理坐标网。

地形图的图廓由内、外图廓线组成。最里面的四条线，是划分图幅的经、纬线，称为内图廓，图廓四角注有经、纬度数值，如图 1 - 7 所示。内图廓框定的范围是图幅的面积。对相同比例尺的地形图而言，靠近赤道的图幅面积较靠近两极的要大。外面的四条粗黑线，叫外图廓线。为便于地形图的拼贴，1988 年以后出版的地形图，规定不再绘北、东图廓线；西、南外图廓线也绘为黑细线。

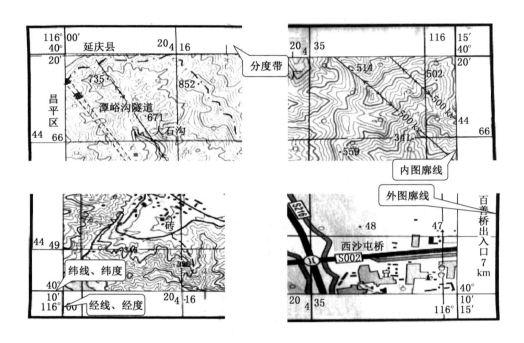

图 1 - 7　1 : 5 万地形图的图廓四角

（三）地理坐标的应用

用地理坐标指示目标或确定某点在图上的位置时，按先纬度、后经度的顺序进行。

1. 图上量取点的地理坐标

在比例尺小于 1 : 25 万（含）的地形图上，绘有地理坐标网，并在内图廓线和整度经、纬线上绘有小分划格。如图 1 - 8 所示，要量取某点的地理坐标时，先用两脚规量取该目标定位点至上方纬线的垂直距离，并保持张度，平移到西（或东）图廓的纬度分度带上去比量，即得出其纬度。同样方法利用两脚规量取该目标定位点至左方经线的垂直距离，平移到北（或南）图廓上量得该点的经度。

由于任意两条经线的间距在赤道最宽并向极点收缩，因此量取点的经度小数值时，点

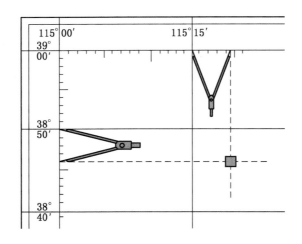

图 1-8　依地理坐标网量读地理坐标

位靠近南图廓的，应在南图廓上比量；点位靠近北图廓的，应在北图廓上比量。

在 1:2.5 万 ~ 1:10 万地形图上量取 A 点的地理坐标，如图 1-9 所示，可先在南北图廓和东西图廓间的分度带上，找出最接近但又小于 A 点的纬度分划和经度分划，并连以纬、经线；再量取 A 点至所连纬、经线的垂距，以及纬、经线分度带的分划长，然后按下列公式计算不足一分的秒值：

$$\text{秒值} = \frac{60'' \times \text{点至纬（经）线的垂距}}{\text{纬（经）线分度带的分划长}}$$

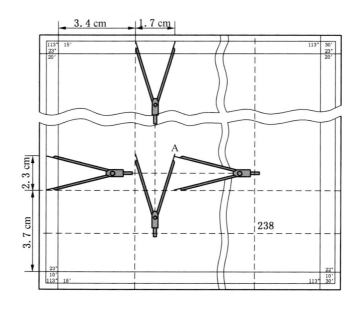

图 1-9　依分度带量读地理坐标

最后，将所得秒值分别加在所连纬、经线的度、分值后，即得 A 点的地理坐标。

如图 1-9 所示，量得西图廓分度带的分划长为 3.7 cm，A 点至下方纬线（23°11′）的垂距为 2.3 cm，则纬度的秒值为

$$秒值 = 60″ × (2.3/3.7) = 37″$$

故 A 点的纬度为 23°11′37″。

同理，由图量得北图廓分度带的分划长为 3.4 cm，A 点至左方经线（113°10′）的垂距为 1.7 cm，则经度的秒值为

$$秒值 = 60″ × (1.7/3.4) = 30″$$

故 A 点的经度为 113°10′30″。

2. 按地理坐标确定点在图上的位置

如果已知某点的地理坐标，当需确定它在图上的位置时，可先在东西和南北分度带上，按纬经度确定出垂距，再将对应点连线，其交点即为目标点在图上的位置。

三、平面直角坐标网及其应用

确定平面上某点相对位置的长度值，叫该点的平面直角坐标。我国地形图上采用的是高斯平面直角坐标系。

（一）高斯平面直角坐标网的构成

1:2.5 万~1:50 万地形图采用高斯投影，它以经差 6° 为一个投影带，将全球共分成 60 个带，每带的中央经线和赤道被投影为相互垂直的直线。高斯平面直角坐标系规定：以每带的中央经线为纵坐标轴（X），赤道为横坐标轴（Y），两轴的交点为坐标原点（O），这样，每一带便构成一个独立的坐标系，如图 1-10 所示。

为便于从每幅图上量测任意点的坐标和计算面积，以整公里数为单位，按相等的距离作平行于纵、横轴的若干直线，这就构成了平面直角坐标网，也叫方里网，如图 1-10 所示。

由于地形图的比例尺不同，图上坐标方格的边长也不同，见表 1-5。

表1-5 坐标方格边长的规定

比例尺	坐标方格的边长/cm	相应的实地距离/km
1:2.5 万	4	1
1:5 万	2	1
1:10 万	2	2

（二）坐标的起算与注记

纵坐标（X）以赤道为零起算，向北为正，向南为负。我国处在北半球，纵坐标均为

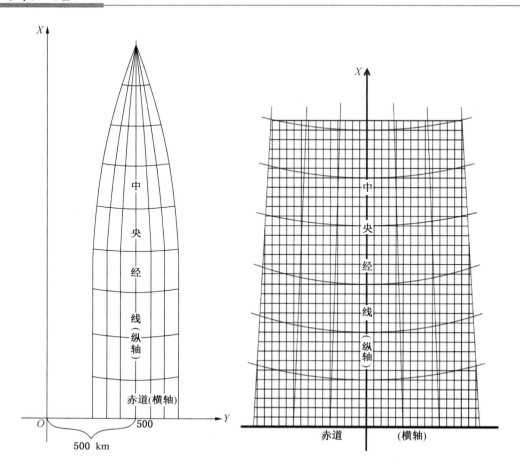

图 1-10 高斯投影带北半球的平面直角坐标系

正值。横坐标（Y）若以中央经线为零起算，则向东为正，向西为负。这样，坐标在中央经线以西就都是负值，使用时非常不方便。为了避免横坐标出现负值，并使坐标保持三位整公里数，规定各带中央经线以 500 km 起算（赤道上经度 1° 所对应的弧长约 111 km，6° 投影在赤道上的距离约为 666 km，中央经线以 500 km 计算，大于赤道上经差 3° 相应的实地长）。这样，在中央经线以东的横坐标值均大于 500 km，以西均小于 500 km，如图 1-11 所示。

为便于查找，在东西图廓内，横线上注记的为纵坐标值；在南北图廓内，纵线旁注记的为横坐标值。在图廓的四角，注有纵、横坐标的全部数值（称为坐标全注记），其他一般只注记末两位公里数（称为坐标简注记）。纵坐标全注记为四位数，标示该坐标横线距离赤道的公里数；横坐标全注记为五位数，前两位数标示投影带的带号，后三位数标示该坐标纵线以中央经线为 500 km 起算后的公里数，如图 1-12 所示。为便于在图幅内查找，通常于每幅图内，每隔一条纵线或横线，在其中央位置也注有相应的坐标数值（称为坐标辅助注记）。

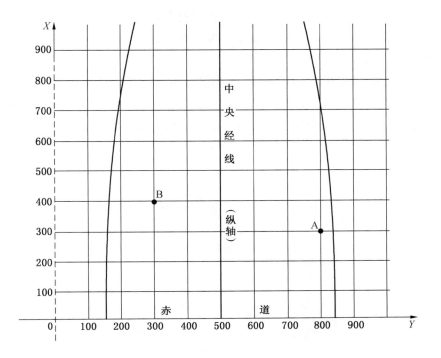

图 1-11　坐标的起算

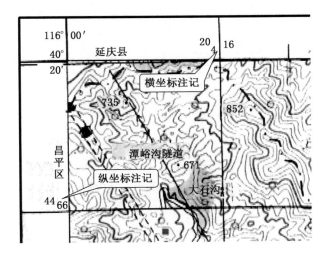

图 1-12　1:5 万地形图坐标注记

（三）平面直角坐标的应用

平面直角坐标主要用于指示和确定目标在图上的位置，也可根据方格估算距离和面积。指示目标或确定点的位置时，按先纵坐标、后横坐标的顺序进行。

1. 用概略坐标指示目标和确定目标点在图上的位置

1）用概略坐标指示目标

用概略坐标指示目标在图上位置时，只用该目标所在方格的公里数即可，如图1-13所示，要指示116.6高地的位置时，可先找出该点下方横线对应的纵坐标（公里数后两位）为67，后找出左方纵线对应的横坐标（公里数后两位）为46，该点的概略坐标即为（67，46）。

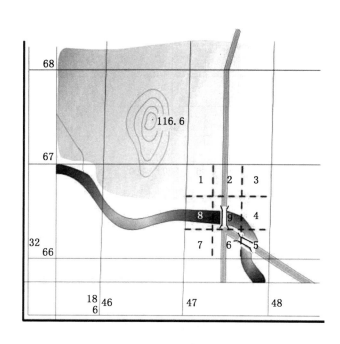

图1-13 用方格法、井字格法指示目标

需要较为明确地指示目标在方格中的位置时，可采用井字格法。即将一个方里格划为九个小方格，并从左上开始按顺时针方向编为1~9号。指示目标时在概略坐标后加注小方格的编号即可，如图1-13所示，两个桥的井字格坐标分别为（66，475）和（66，479）。

用末两位公里数指示目标，只适用于百公里范围以内。如超过百公里范围时，就会产生重复而造成混淆。此时，还应指出图幅名称、编号或使用概略坐标的全值，如图1-13所示，116.6高地的概略坐标全值为（3267，18646）；桥的井字格法坐标全值为（3266，186479）。

2）用概略坐标查找目标在图上位置

根据坐标查找目标在图上的位置时，可按坐标数字先找纵坐标，后找横坐标，在纵、横坐标线交点右上的方格内，便可找到目标。

2. 用精确坐标指示目标和确定点的图上位置

精确坐标是由目标的概略坐标（公里数后两位），加上该点至所在方格下边和左边坐标线的垂直距离（米数）组成，用于精确地指示目标和确定点在图上位置。

1）在图上精确量取点的平面直角坐标

通常用坐标尺量读，如图 1-14 所示，欲量取灾害点"A"的平面直角坐标，让标尺纵边与 A 相邻的左侧坐标纵线重合，横边与 A 的定位点相切；从坐标尺纵边上读出下方坐标横线所截的分划数（它相应于实地水平距离 575 m），然后与下方坐标横线标注的 85 km 数相加，即得 A 的纵坐标 $X = 85575$ m。再从坐标尺横边上读出定位点所截的分划数 300 m，并与相邻左侧坐标纵线标注的 49 公里数相加，即得 A 的横坐标 $Y = 49300$ m。最后求得：灾害点"A"的精确坐标为：（X85575，Y49300），精确坐标全值为：（X2785575，Y18249300）。

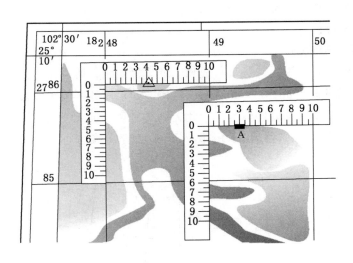

图 1-14 用坐标尺量读坐标

如果没有坐标尺，可用厘米尺量取。如图 1-14 所示，使用厘米尺量取灾害点 A 的精确坐标时，方法如下：

（1）首先查出该处的概略坐标（85，49）。

（2）用厘米尺量取该处至下方坐标横线（即至 85 坐标横线）的垂直距离，并将其换算成米数，与 85 km 相加，即得出纵坐标数值。

（3）量取该处至左方坐标纵线（即 49 坐标纵线）的垂直距离，并将其换算成米数，与 49 km 相加，即得出横坐标数值。

2）用精确坐标确定目标的图上位置

如图 1-14 所示，设已知起火点的坐标为：（X86075，Y48410），求其在图上的位置。

先按给定的坐标找到目标所在的方里网格（86，48），将坐标尺纵边与48坐标纵线重合，并使75 m分划落在86坐标横线上；再沿坐标尺的横边找到410 m的分划处，此点即为该起火点在图上的位置。

若用厘米尺确定起火点在图上的位置，方法如下：

第一步，按概略坐标（86，48）找到该目标所在的方格。

第二步，将纵坐标的尾数075换算成图上长度，用厘米尺从86坐标横线垂直向上量取该段长度，以该段长度的上端点作一直线与坐标横线平行。

第三步，将横坐标的尾数410换算成图上长度，用厘米尺从48坐标纵线向右并垂直于坐标纵线量取该段长度，以该段长度的右端点作一直线与坐标纵线平行，与上一步所作的坐标横线相交，其交点即是起火点在图上的位置。

3. 应用平面直角坐标应注意的问题

应用平面直角坐标指示目标时，在电话报告中，应先报坐标，后报地点。如："坐标：（X85645，Y49300），虎山"。在书面文件中，应先写地点，后写坐标，如："虎山（X85645，Y49300）"。

（四）邻带补充坐标网

高斯投影采用分带投影后，各带自成独立的坐标系统，所以相邻两带边缘的图幅拼接时，坐标网会出现斜交，如图1-15所示。这样，如果任务区位于分带子午线附近，为便于指挥协同，要求使用统一的坐标网。为此，制图时对分带子午线附近的图幅在外图廓线上已用短线加注记的形式，标绘出了相邻带延伸过来的直角坐标网。执行任务时只要明确

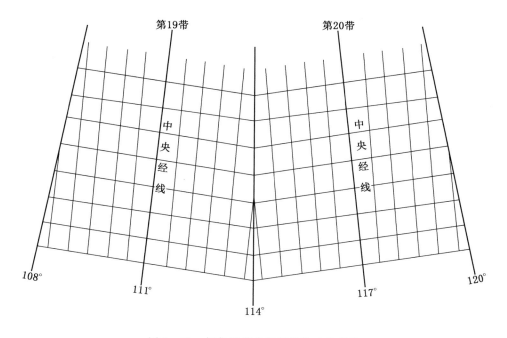

图1-15　相邻两带坐标网拼接时的形状

以哪一带的坐标系为准，即可在另一带的地形图上绘出指定带的直角坐标网，图 1 - 16 为以第 19 带为准的统一坐标网（1988 年 6 月以后出版的地形图，其东、北两边的邻带坐标网绘在内图廓外 8 mm 处）。此外，为了区分点属于哪一带，规定在通用横坐标前冠以带号。

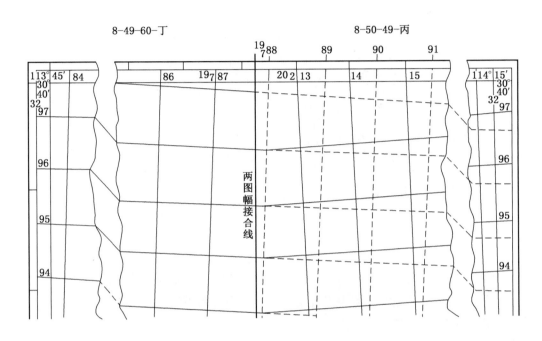

图 1 - 16 补充坐标网图

第四节 方 位 角

在消防救援作战与训练中，判定方位、标定地图、指示目标以及保持行进方向等，都离不开方位角。因此，地形图提供了直观、方便的方位角、偏角表达与量算依据。

一、方位角的含义

从某点的指北方向线起，按顺时针方向量至目标点方向线的水平角，叫作某点至目标点的方位角。通常用密位或 360° 角度制量度。

根据现地用图的需要，在地形图上定向，采用了三种不同的起始方向线，即真子午线、磁子午线、坐标纵线。因此，相应的方位角就有三种，分别为真方位角、磁方位角、坐标方位角，如图 1 - 17 所示。

1. 真方位角

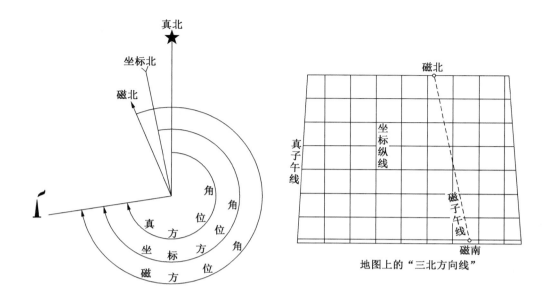

图 1-17 方位角的种类

以真子午线北方向为基准方向的方位角叫真方位角，通常在精密测量中使用。真子午线，就是通过任一点的经线。因为经线是通过地球南北两极的，其所指的方向是真正的南北方向，故称真北方向线。

2. 坐标方位角

地形图上方里格的纵线就是坐标纵线，它是大致指向正北方向的，故称坐标北方向线。以坐标纵线北方向为基准方向的方位角叫坐标方位角，它不仅便于量取，还可以换算成磁方位角。

3. 磁方位角

地球是个大磁体，地球的磁极位置是不断变化的。根据测定，1985 年磁北极（实际是物理上的磁场南极，出现这种状况的原因是人们在发现磁极异性相吸、同性相斥的规律之前就定义了地磁北极这个名词）约位于北纬 78°03′、西经 103°08′的加拿大北部；磁南极位于 65°37′、东经 138°37′的南极洲。地面点与磁北极和磁南极所确定的平面，称为磁子午面，它与地球表面的交线，叫该点的磁子午线。在地面点置一磁针，静止后其磁针所指方向即为该点的磁子午线方向。它的北方向称为该点的磁北方向，以磁北方向为基准方向的方位角叫磁方位角。

二、偏角

地面点坐标北、真北和磁北方向线，称为三北方向线。它们之间的夹角叫偏角，也叫三北方向角。

1. 坐标纵线偏角

任意点的坐标北方向对于真北方向的夹角，叫作该点的坐标纵线偏角，也叫子午线收敛角。以真子午线为基准，坐标纵线在真子午线以东的为东偏，角度值为正；坐标纵线在真子午线以西的为西偏，角度值为负。

2. 磁偏角

任意点的磁北方向对于真北方向的夹角，叫作该点的磁偏角。它以真子午线为基准，磁子午线在真子午线以东为东偏，角度值为正；磁子午线在真子午线以西为西偏，角度值为负。磁偏角是经实地测得的，偏角大小因地而异，地形图南图廓下方偏角图上注记的数值，是该图幅范围内磁偏角的平均值。

3. 磁坐偏角

任意点的磁北方向对于坐标北方向的夹角，叫作该点的磁坐偏角。它是以坐标纵线为基准的，磁子午线在坐标纵线以东的为东偏，角度值为正；磁子午线在坐标纵线以西的为西偏，角度值为负。

由于地磁极与地理极不重合且其位置不断变化，加之受地球内部磁性物质分布不均匀的影响，在地球表面上不同点位，三种指北方向线的位置关系和偏角值大小也各不相同。这种表示三北方向线位置关系和偏角值大小的图式称为偏角图或三北方向图。理论上三种指北方向线可以构成十种不同的偏角图形式，如图 1 - 18 所示。

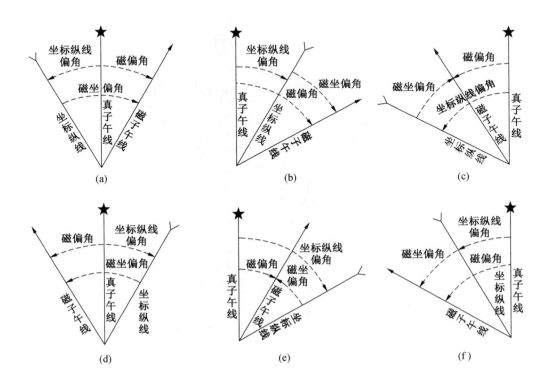

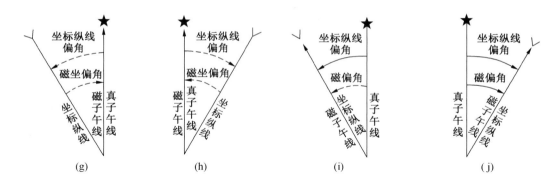

图 1-18 偏角图的不同形式

尽管不同点位的偏角值各异，但从实用角度出发，在比例尺大于 1∶10 万的图幅范围内可视为相同。并以地形图图幅中心点的偏角值为准，标绘在南图廓下方，用它可进行不同方位角间的换算。

三、图上量算方位角

（一）在图上量读坐标方位角

1. 用量角器量读

要量 171.4 高地至 162.6 高地的坐标方位角，如图 1-19 所示，可按如下步骤进行：

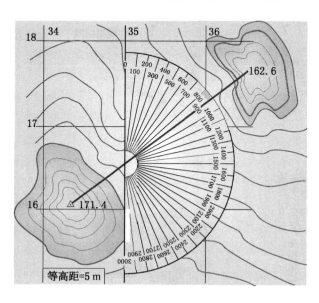

图 1-19 用量角器量读坐标方位角

（1）从171.4高地向162.6高地方向连一条直线，作目标方向线。若两点在同一方格内时，应将连线延长至与坐标纵线相交。

（2）将量角器圆心对准连线与坐标纵线的交点。若方位角值小于30－00，量角器放在坐标纵线右边，以零分划朝北并使它与坐标纵线重合。

（3）读出两点连线通过量角器边缘的分划数为9－00，即为171.4高地至162.6高地的坐标方位角。若坐标方位角大于30－00时，则应将量角器放在坐标纵线的左边，使零分划朝南，再将读出的密位数加上30－00，即为量读的坐标方位角。

2. 用指挥尺量读

指挥尺上端的长边和右侧弧边上均刻有密位分划，以顺时针方向注记，左端的直边上刻有距离分划，距离分划线的零点为密位分划的圆心。

如图1－20所示，用指挥尺量读三角点（17，32）至烟囱（19，34）的坐标方位角，可按如下步骤进行：

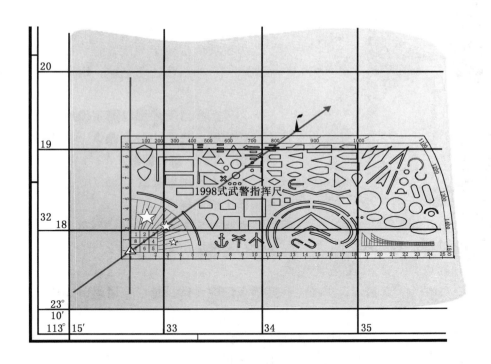

图1－20　用指挥尺量读坐标方位角

（1）由三角点向烟囱方向连一条直线，作目标方向线。

（2）过三角点的定位点，作一条坐标纵线的平行线（目标位于15－00到30－00或45－00到60－00密位时，作坐标横线的平行线）。

（3）圆心对准三角点，并使短距离尺边与平行线相切。

（4）读取目标方向线通过指挥尺边缘的分划 8 - 20，即为所求的三角点至烟囱的坐标方位角。

当目标位置在 15 - 00 到 30 - 00 的位置时，读出的分划数应加上 15 - 00；在 30 - 00 到 45 - 00 的位置时，应加上 30 - 00；在 45 - 00 到 60 - 00 的位置时，应加上 45 - 00，即为所要量读的坐标方位角。

（二）在图上量读磁方位角

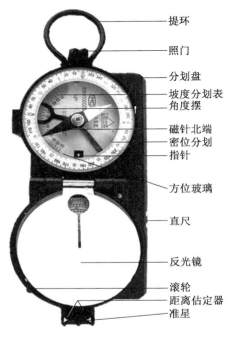

在地形图上常使用指北针量读磁方位角。指北针的型号很多，但其基本结构大同小异。如图 1 - 21 所示，该指北针为 65 式指北针，它由磁针、刻度盘、方位玻璃框、角度摆、距离估定器、里程表、直尺和反光镜等部件组成。

刻度盘盘面刻有内外两圈分划。内圈为密位制，每个小分划是 0 - 20；外圈为 360°制，每个小分划是 2°。主要用来度量方位。

方位玻璃框位于刻度盘上，可自由转动。上面刻有东、南、西、北字样，用来配合刻度盘指示方位。

角度摆和角度表用以测定坡度。角度表上分划单位为度，每个小分划是 5°，可测量各 60°的仰俯角。"＋"表示仰角，"－"表示俯角。

里程表可用来量取 1：5 万、1：10 万比例尺地形图上的里程。

距离估定器两尖端间的宽度为 12.3 mm，恰为照门至准星长度 123 mm 的十分之一，相当于对

图 1 - 21　65 式指北针

照门的张角约 0.1 弧度，用以测定距离。

[例]　如图 1 - 22 所示，用指北针量读车行桥（18，34）至凤凰山（19，32）的磁方位角，可按如下步骤进行：

（1）在地形图上由车行桥向凤凰山连一直线。

（2）标定地图。方法是先将指北针的直尺边切于磁子午线右边，此时有准星的一端朝向地图的上方；然后转动地图，使磁针北端对准盘内"△"指针，地图即已标定。

（3）保持地形图不动，再将指北针直尺切于车行桥至凤凰山两点的连线右边，此时准星朝向凤凰山方向，待磁针静止后，其磁针北端所指的密位数 52 - 60，即为车行桥至凤凰山的磁方位角。

（三）在图上量读真方位角

在图上量读真方位角，通常采用推平行线法量读。如图 1 - 23 所示，欲量读 A 到 B

的真方位角，可按如下步骤进行：

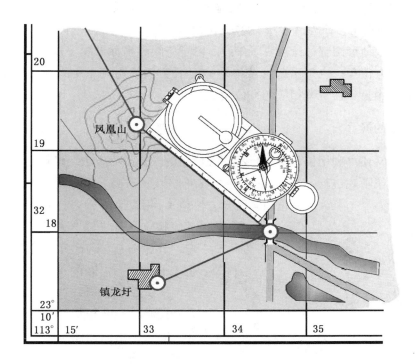

图 1-22　用指北针量读磁方位角

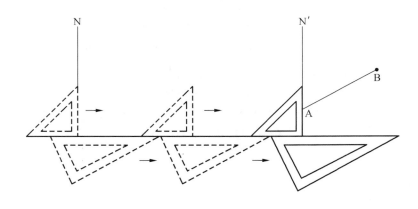

图 1-23　用推平行线法量读真方位角

（1）取两个三角板，并将其中一个三角板的直角边与西（或东）内图廓线密合；另一直角边与另一个三角板的长边密合。

（2）按图 1-23 所示，逐次交互移动三角板，直至与内图廓线密合的三角板直角边与 A 点相切。

（3）沿切 A 点的直角边向北画线，此即 A 点的真子午线。以此为准，按顺时针方向量读至 AB 方向的夹角，即为 A 至 B 的真方位角。

事实上，每幅地形图都标绘有真子午线、磁子午线和坐标纵线，都可采用推平行线的方法量读相应的方位角。也可由起（或终）点延长方向线与真子午线或磁子午线、坐标纵线相交，而后用量角器量读相应的方位角。

四、方位角的换算

用图时，通常还可利用偏角图进行不同方位角的换算。为省去记忆规定的偏角正、负和简化计算，可按下式进行：

$$欲求方位角 = 已知方位角 \pm |相应偏角|$$

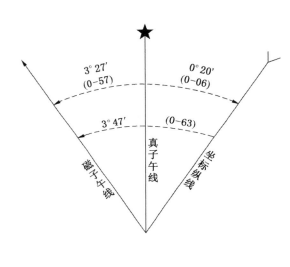

图 1 - 24　偏角图

相应偏角前的"±"号，依偏角图确定，其原则是：若已知方位角的基准方向位于欲求方位角的基准方向右侧，取"+"号；反之，取"-"号。

[例 1]　已知某方向的坐标方位角为 20 - 03，偏角图如图 1 - 24 所示，求相应的磁方位角。

[解]　由偏角图可知，磁坐偏角为 0 - 63（3°47′），坐标纵线位于磁子午线右侧，故

磁方位角 = (20 - 03) + (0 - 63) = 20 - 66

[例 2]　已知某方向的真方位角为 23°30′，偏角图如图 1 - 24 所示，求相应的坐标方位角。

[解]　由偏角图可知，坐标纵线偏角为 0°20′，且真子午线位于坐标纵线左侧，故

坐标方位角 = (23°30′) - (0°20′) = 23°10′

📖 **思考题**

1. 什么是地图？它是如何分类的？

2. 构成地图的要素有哪些？

3. 我们学习的地图属于哪一类？它有什么特点？

4. 简述我国地形图比例尺系列。

5. 简述图上距离与实地距离的关系。

6. 归纳图上测量距离时应注意哪些问题。

7. 什么叫地理坐标？在大比例尺地形图上如何量取精确的地理坐标？

8. 平面直角坐标网是如何构成的？它的纵横坐标分别从哪里起算？

9. 在地形图上如何量取点位的精确坐标？

10. 如何快速根据坐标值在地形图上查找目标？

11. 什么叫方位角？画图说明其种类。

12. 三种偏角的正负是如何规定的？

13. 在图上如何准确量取磁方位角和真方位角？

14. 为什么量读坐标方位角有时使用坐标纵线，有时使用坐标横线？

第二章 图上识读地形

在执行消防救援行动或训练（演习）中，指挥人员受领任务后，应首先利用地图研究任务区地形，以便正确地组织指挥队伍行动。能准确识读地图上的地形信息，是指挥人员必备的基本功，是利用地图研究地形的前提。

第一节 地形图上识别地物

规定地形图图解语言与表示原则的技术文件，叫地形图图式。它从识别与研究地形的需要出发，具体规定了地形图应表示的地形元素、表示原则，以及应采用的符号图形、尺寸、颜色、性质属性的格式等规则。其中，表示地形要素的空间、位置、大小、质量和数量的特定图解记号或文字称为地形图符号，在地形图符号中表示地面上地物的这类符号又被称为地物符号。

一、地物符号的分类

（一）按符号与实地的比例关系分类

物体按同一比例尺缩小后有三种情况：面状物体，它的范围可依比例尺绘出；线状物体，长度能如实表示，但其宽度因有的太窄而无法描绘；点状物体，则成了只有位置而无法描绘的极小一点。对此，地形图上分别采取如实、放宽和放大三种办法予以处理。

1. 依比例尺符号（轮廓符号）

占地面积较大的地物，如大居民地、森林、江河、湖泊等，其外部轮廓是按比例尺缩绘的，内部文字注记是按配置需要填绘的，只具有说明物体性质的作用，如图2-1所示。在图上可了解其分布、形状和性质，量算出相应实地的长、宽和面积。这类符号的轮廓线与实地地物的轮廓一致，特别是轮廓转折点的位置精度较高，可供救援行动中指示目标用。

2. 半依比例尺符号（线状符号）

实地的窄长线状地物，如道路、垣栅、堤坝、通信线、管线等，其转折点、交叉点位置是按实地精确测定，其长度是按比例尺缩绘的，而宽度不是按比例尺缩绘的，如图2-2所示。因此，在图上只能量测位置和相应的实地长，而不能量取宽度和面积，此类地物的转折点、交叉点可用以判定方位和确定位置。

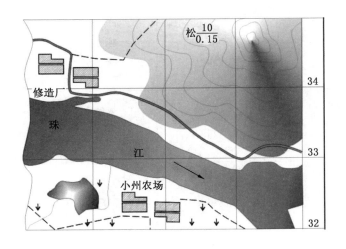

图 2-1 依比例尺符号

3. 不依比例尺符号（点状符号）

实地上一些对救援行动有影响或有方位意义的地物，如突出树、亭、塔、油库等，因其占实地面积较小，不能按比例尺缩绘，只能用规定的符号表示，如图 2-3 所示。在图上可了解实地地物的性质和位置，但不能量读其大小。

以符号的中心线表示其真实位置	以符号的底线表示其真实位置

图 2-2 半依比例尺符号   图 2-3 不依比例尺符号

（二）按符号的图形特点分类

1. 正形符号

这类符号的图形与地物正射投影后的平面形状相似，并保持一定的比例关系，所以叫正形图形。一般用以表示占地面积较大的地物，如居民地、森林、河流、湖泊等，如图 2-4 所示。

2. 侧形符号

这类符号的图形与地物的侧面形状相近，所以叫侧形图形，如突出树、烟囱、水塔等，如图 2-4 所示。

正形符号 (与平面形状相似)	湖泊 
侧形符号 (与侧面形状相近)	水塔 
象征符号 (与有关意义相应)	气象站 

图 2-4 符号的图形特点

3. 象征符号

这类符号的图形是按照会形、会意的方法构图的，所以叫象征图形。具有形象和富有联想的特点，如变电站、矿井、气象台（站）等，如图 2-4 所示。

4. 说明和配置符号

主要是用来说明、补充上述三种符号不能表示的内容，如图 2-5 所示。说明符号是用来说明某种情况的，如表示街区性质的晕线、表示江河流向的箭头等。配置符号是用来表示某些地区的植被及土质分布特征的，如草地、果园、疏林、道旁树、石块地等，它们只表示实地地物的分布情况，不表示地物的真实位置和数量。

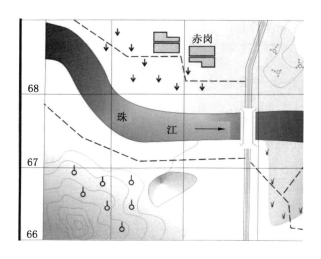

图 2-5 说明和配置符号

二、地物符号的有关规定

（一）注记的规定

地物符号表示地物时，只能表示其形状、位置、大小和种类，但不能表示其质量、数量和名称等特性，因此，还需用文字和数字予以注记，作为符号的补充和说明。

1. 名称注记

（1）居民地名称：城市居民地用"等线体"字，乡镇居民地名称用"中等线体"字，农村居民地用"仿宋体"字注出。注记时，一般用水平字列，必要时可用垂直、雁行字列，如图 2-5 所示。

（2）山和山脉名称：独立高地、山隘等一般用"长中等线体"字，并以水平字列注在山顶的上方；山岭、山脉走向等用"耸肩等线体"字（字的竖划垂直南图廓），注在山岭、山脉走向的中心线上。

（3）水系名称：包括海洋、海峡、海港、海湾、江河、沟渠、湖泊、水库、池塘等，都用蓝色的"左斜宋体"字，按地物的面积均匀注出，如图 2-5 所示。

（4）地理单元名称：岛屿、草原、沙漠、滩礁、海角等，均用"宋体"字；群岛名称则用"扁等线体"字，按地形的面积和长度适当注出。

2. 说明注记

说明注记是用来说明地物的性质和特征的，如植被的树种、水的咸淡、公路路面质量、徒涉场底质、塔形建筑物的性质等，均用"细等线体"字简注在符号内或一旁，如图 2-1 所示。

3. 数字注记

数字注记是用来说明地物的数量特征的。图上注记分为分数式和单个数字两种形式，各种数字注记的颜色，均与相应的符号颜色一致，如图 2-1 所示。

（二）颜色的规定

为了提高地图表现力，使地图内容丰富、层次分明、清晰易读，地物符号采用不同的颜色来区分地物的性质和种类。目前，我国出版的地形图为四种颜色，其规定见表 2-1。

表 2-1 地形图符号的颜色规定

颜色	使 用 范 围
黑色	人工物体：居民地、管线、垣栅、道路、境界及其名称与数量注记等
绿色	植被要素：森林、果园等的普染，1987 年后出版图的植被符号及注记等
棕色	地貌要素：等高线及其高程注记、地貌符号（变形地）及其比高注记、土质特征、公路普染等
蓝色	水系要素：河岸线、单线河及其注记和普染、雪山地貌等

（三）定位的规定

地物符号中，不依比例尺和半依比例尺的符号，实际上都是夸大了的符号，因此它们在地形图上就有个定位的问题，制图时都有明确的规定：

（1）不依比例尺符号主要是指独立地物符号，规定其定位点。

（2）半依比例尺符号主要是指线状地物符号，规定其定位线。

（四）方向的规定

地物符号在地形图上的描绘方向，有四种情况：

1. 直立方向

直立方向，也叫固定方向，即符号始终保持与南北图廓线垂直，不依比例的符号绝大多数是按此种方向描绘的。

2. 真方向

真方向，即符号的描绘方向与实地地物的真实方向一致，依比例尺和半依比例尺的符号通常是按真方向描绘的。此外，还有独立房屋、小居住区、饲养场、窑洞、山洞、泉等，也是按真方向描绘的。城楼与城门符号的描绘则不同，其符号顶部一般朝向城外，但不能倒置，如图2-6所示。

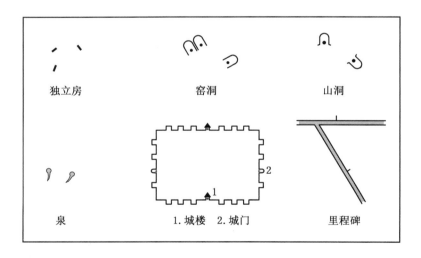

图2-6　依真方向描绘的符号

3. 光照方向

地形图上有少数符号是按阳光照射方向描绘的，如陡石山、溶斗和简易公路等。描绘的原则是以光线从左上方射来，其受光部位线画细、淡，背光部位线画粗、浓，如图2-7所示。

4. 风向方向

依风向描绘的主要是沙地地貌中的一些微型沙地符号，以及反映土质特征的个别符号。如波状沙丘地，其符号与主要风向垂直；多垄沙地和残丘地，其符号与主要风向一致

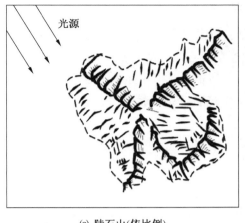
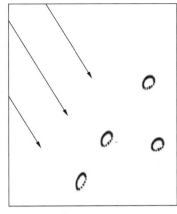

(a) 陡石山(依比例)　　　　　　　(b) 石灰岩溶斗

图 2 - 7　依光照方向描绘的符号

（即顺风方向延伸）；窝状沙地，其符号是顺风方向描绘的，粗点绘在迎风面。因此，这类符号又是判断所在地区主要风向的标志，如图 2 - 8 所示。

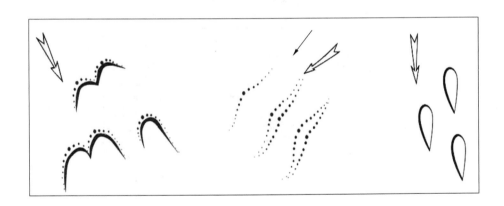

图 2 - 8　依风向描绘的符号（箭头方向为风向）

三、通过符号识别地物的一般规律

地形图中的地物符号种类多、数量大，分别用以表示测量控制点、独立地物、居民地、道路及其附属建筑物、管线和垣栅、境界、水系、植被、地理名称注记等，但只要了解其设计规律并掌握一定要领，就便于识别、增强记忆。

（一）符号具有象形特点

符号图形的设计，通常是以抽象概括的方法，把复杂的地物用有规律的图形典型化，作为设计符号的基础，因此每个地物符号都具有象形的特点。符号的图形，主要来源于三

37

个方面：

一是选择地物最有代表性的部位。如：气象站符号，以风向标表示；矿井符号，以采矿的风镐表示；水（风）车符号，以水轮（或风叶）表示等。

二是用容易产生联想的图形。如：变电所符号，以房屋的上方示意有电表示；庙、亭和钟鼓楼等符号以我国古代传统的大屋顶建筑表示；竹林符号，以象征竹叶的图形表示；石块地，以象征有棱角的三角石块表示。

三是用象征会意的图形。如：境界符号，因实地无明显形状，用虚线表示；河流流向符号，用有指向的箭形符号表示等。

（二）符号构图具有逻辑性

在设计符号时，就考虑到了符号的图形应与符号的意义具有内在的、有机的联系，即符号构图要合乎逻辑。现举例说明如下：

1. 虚（点）线符号

虚（点）线符号在地形图上是很多的，并有黑、棕、蓝三种颜色之分，这类符号所表示的，均为同类地物中比较低级的、不稳定的、地下的或无形体的实地地物，如图 2-9 所示。

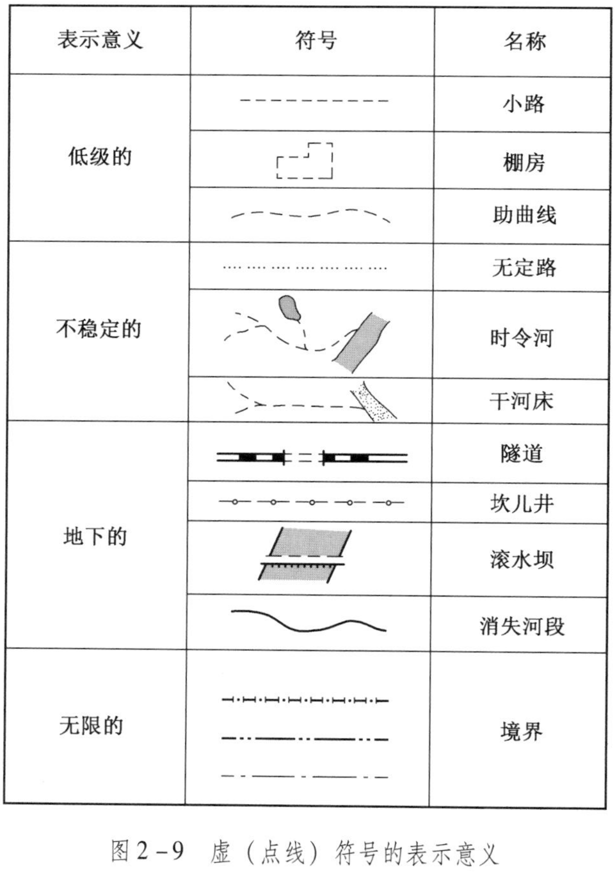

表示意义	符号	名称
低级的	-----------	小路
		棚房
		助曲线
不稳定的	··················	无定路
		时令河
		干河床
地下的		隧道
	--○--○--○--	坎儿井
		滚水坝
		消失河段
无限的	-··-··-··-··-	境界

图 2-9 虚（点线）符号的表示意义

2. "齿线"符号

"齿线"符号的基本含义是"陡面",实线代表示坡线,齿线所指为斜坡(降落)方向。单面齿线符号为单面陡坡,双面齿线符号为双面陡坡,颜色仅仅说明是天然物体(棕色和蓝色),或是人工物体(黑色),如图2-10所示。

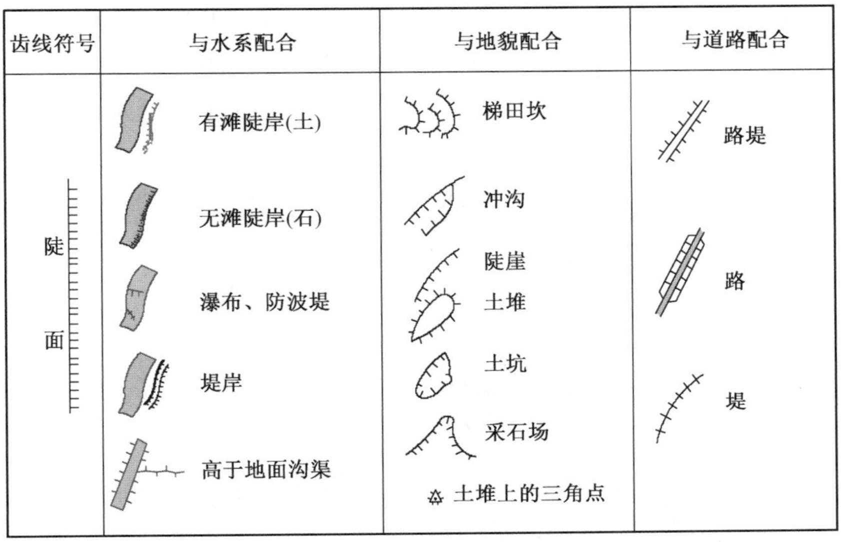

图2-10　"齿线"符号的表示意义

3. "反括号"符号

凡是线状符号遇有"反括号",则说明于此处转入地下。例如铁路符号遇有"反括号",则说明铁路线进入隧道;河流遇有"反括号"则说明河流流入地下,称为地下河段,如图2-11所示。

4. 桥梁符号

桥梁,通常是道路跨越河流的设施,当两种线状地物于不同平面相交时,也用桥梁符号表示,例如公路在铁路上(下)方通过,沟渠从河流上方通过,沟渠在道路上方通过等。当沟渠位于上层平面时,桥梁符号用蓝色表示,不留间隔,一般称作输水槽或过水桥。此外,水闸、拦水坝等也是以桥梁符号为基础表示的,如在桥梁符号中间开口则为水闸;在桥梁符号上加绘齿线则为拦水坝;如果它们上面不能通行汽车,则桥梁符号两端没有短折线,如图2-12所示。

(三)注记字体具有联想意义

地形图上的各种注记字体,都是经过人们选择之后才予以规定的,如城市居民地用等线体,乡镇居民地用中等线体,农村居民地用仿宋体,水系名称用左斜宋体等。根据这些规定,并阅读习惯之后,就会使人容易联想到实地地物。

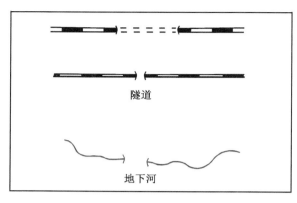

图 2-11 "反括号"符号

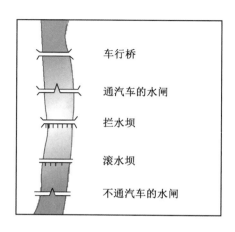

图 2-12 以桥梁为基础的符号

四、识别与使用地物符号应注意的问题

1. 地物位置的准确程度

符号在图上通常都是有准确位置的，随着地图比例尺的缩小，其准确程度就有所降低。但重要的点位，如控制点、高程点、线状符号的交叉点和转折点，以及依比例尺表示的地物轮廓线等，即使在比例尺缩小的情况下，其位置依然准确。

2. 地物的综合取舍

地形图上的符号，一般都经过制图综合，即数量上的取舍和形状上的概括。因此，其形状、数量、分布等与实地并非完全一致，如成片的房屋，在图上是用街区符号表示的；密集居住区的独立房屋有取舍，一般是外围的位置准确；梯田符号，最上和最下一个梯田坎位置准确；在水网区中，沟渠一般是保留主要的、舍去次要的等。

3. 地物的位移

有些线状符号，如铁路、公路、街道等，都是宽度夸大了的符号，比例尺愈小夸大就愈厉害，这种符号由于宽度的夸大，必然引起两旁其它符号（房屋、独立地物等）的位移。因此，其位置可能不准确，但相关位置是正确的。

4. 地物的实地变化

实地地物，由于自然和人工的作用，在不断发生着变化，地图测制工作刚一完成，实地就可能出现新的变化。因此，使用地图时，除注重地图内容外，必要时还应作现地调查，或利用最新资料（航空像片、兵要地志等）校正地图内容。

5. 主要地物间关系的识别

当实地有两类或多类型地物间存在位置关系的并行、交叉或层叠时，在地形图上需要仔细分辨各自符号的内在意义，以及相互间的逻辑关系，如图 2-13 所示。

关系	图形	简要说明	关系	图形	简要说明
道路与居民地	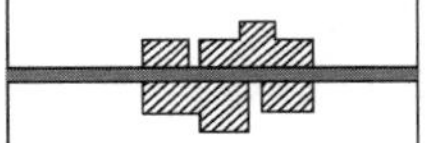	道路通过居民地	公路与公路相交		同一平面相交
	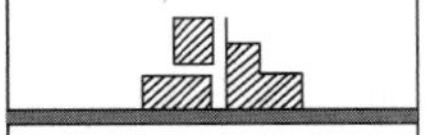	道路切于居民地		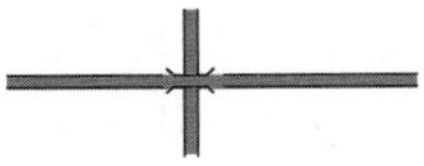	立交(横向高、纵向低)
道路与地貌	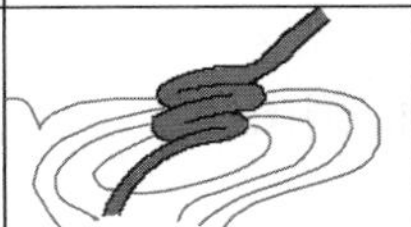	道路盘山通过		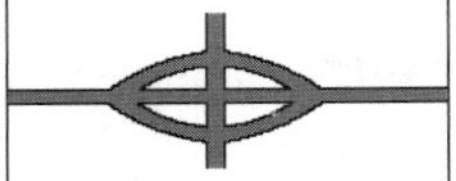	平面环岛相交
	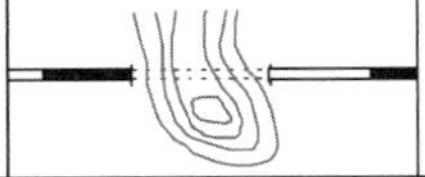	道路从隧道通过	湖与堤	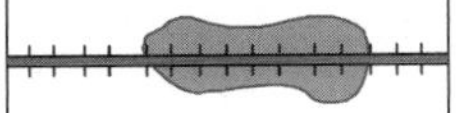	堤从湖中通过
道路与河流		道路与河流平行		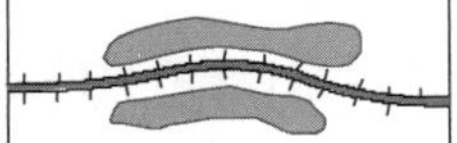	堤从两湖间通过
	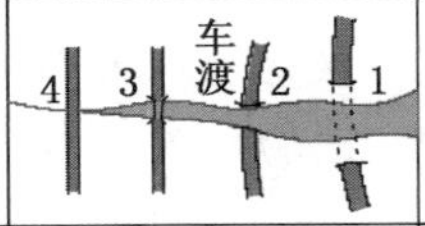	1.道路从隧道通过河流 2.以载渡通过河流 3.桥上通过河流 4.涉水通过河流	渠与堤	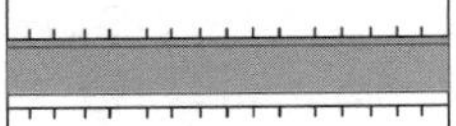	单面堤
铁路与公路平行		同一平面上平行		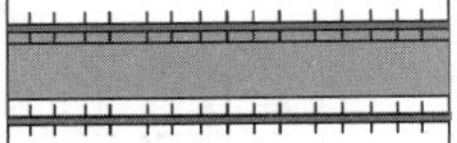	双面堤
	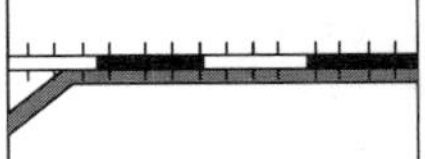	在不同平面上平行、铁路高、公路低	渠与渠	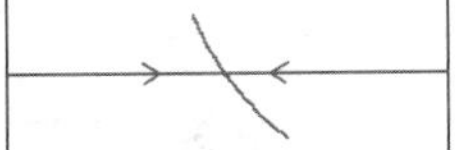	立交、不通车(横高、纵低)
铁路与公路相交	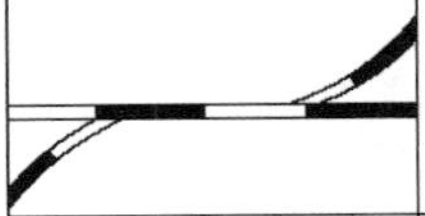	在同一平面相交			在同一平面相交、连通
	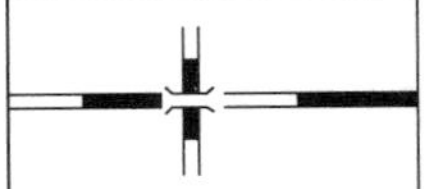	立交(横高、纵低)	境界	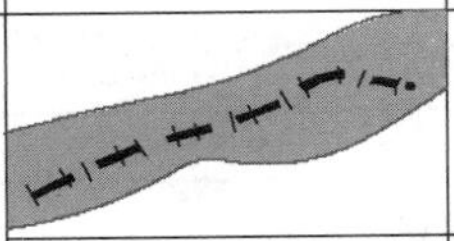	以主航道为界
	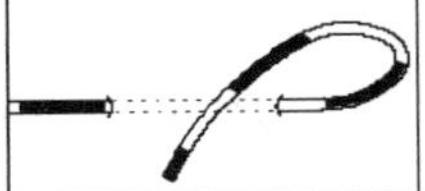	立交、盘旋上升		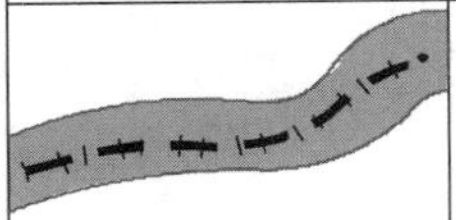	以河心为界
铁路与公路相交		同一平面相交		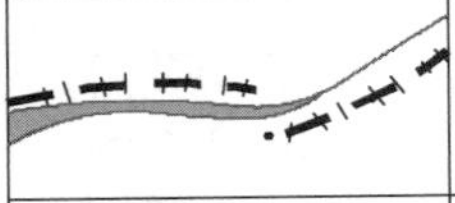	以共有河为界
	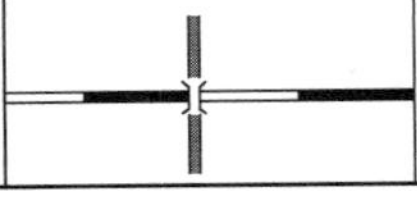	立交(公路高、铁路低)		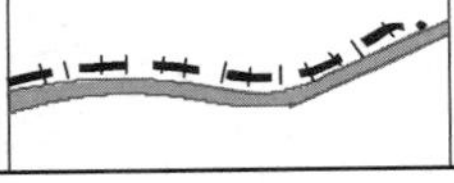	以河北岸为界

图 2-13 主要地物的关系识别

41

第二节　地形图上判读地貌

地貌，主要指地球表面高低起伏的变化形态，如山地、丘陵地、平原等，它和水系一起构成图上其它要素的自然基础。地图上表示地貌的方法很多，主要有等高线法、晕渲法、分层设色法、写景法及组合法（如等高线加晕渲）等，本节着重介绍等高线法。

等高线法，是现代地形图表示地貌的主要方法，虽然缺乏立体效果，但能科学地反映地面起伏形态及其特征；能准确地量测地面点的高程和坡度；能判定山脉走向、地貌类型以及微型地貌特征（如小山顶、凹地、沟谷等）。

一、地貌的图上表示

1. 等高线表示地貌的原理

等高线，是地面上高程相等的各点在地形图上连接而成的曲线。等高线的构成原理，是设想把一座山从底到顶按相等的高度，一层一层地水平切开，这样在山的表面就出现许多大小不同的截口线，再把这些截口线垂直投影到同一平面上，便形成一圈套一圈的曲线图形，如图 2-14 所示。因为同一条曲线上各点的高程都相等，所以叫等高线。

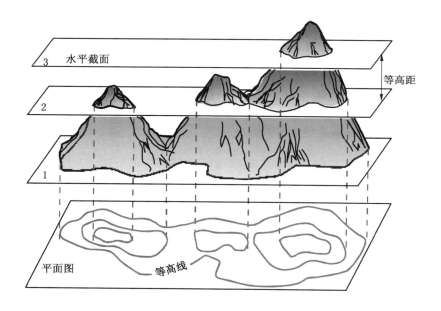

图 2-14　等高线显示地貌的原理

2. 等高线表示地貌的特点

（1）在同一条等高线上各点的高度相等，每条等高线都是闭合曲线。

（2）在同一幅地图上或同一等高距的条件下，等高线多则山就高，等高线少则山就低，凹地则与此相反。

（3）在同一幅地图上或同一等高距的条件下，等高线间隔密则实地坡度陡，等高线间隔稀则实地坡度缓。

（4）图上等高线的弯曲形状与相应实地地貌轮廓形状相似。

3. 等高距的规定

相邻两条等高线间的实地垂直距离叫等高距。等高距的大小，很大程度上决定着地貌表示的详略。等高距愈小，等高线愈多，地貌表示的就越详细；等高距愈大，等高线愈少，地貌表示的就越简略。但由于实地起伏程度不同，坡度起伏不一，适合显示平坦地区的等高距用以表示山区地貌时，就会出现等高线拥挤重合；适合显示山区的等高距用以表示平坦地区时，又显得过于稀疏。同时，等高线过于密集也会影响其他要素的表示。所以，等高距应根据地区的地貌特征、地图比例尺和地图的用途等状况来规定。我国基本比例尺地形图等高距的规定，见表2-2。

表2-2 等高距的规定

比例尺	一般地区（基本等高线）/m	特殊地区（选用等高线）/m
1：1万	2.5	1或5
1：2.5万	5	10
1：5万	10	20
1：10万	20	40
1：25万	50	100
1：50万	50	100

注：一般地区，指大部分地区采用的等高距；特殊地区，指那些不适用基本等高距的地区，并非狭指山区。

4. 等高线的种类和作用

如图2-15所示，等高线按其不同的作用，区分为以下四种：

（1）首曲线，又叫基本等高线，是按规定的等高距，由平均海水面起算而测绘的细实线，线粗0.1 mm，用以显示地貌的基本形态。如在1：5万图上的首曲线，依次为10 m、20 m、30 m……

（2）计曲线，又叫加粗等高线，规定从高程起算面起，每隔四条首曲线（即五倍等高距的首曲线）加粗描绘一条等高线，线粗0.2 mm，用以快捷计数图上等高线与判读高程。如在1：5万图上的计曲线，依次为50 m、100 m、150 m……

（3）间曲线，又叫半距等高线，是按二分之一等高距描绘的细长虚线。用以显示首曲线不能显示的局部微型地貌，如小山顶、陡坡或鞍部等。

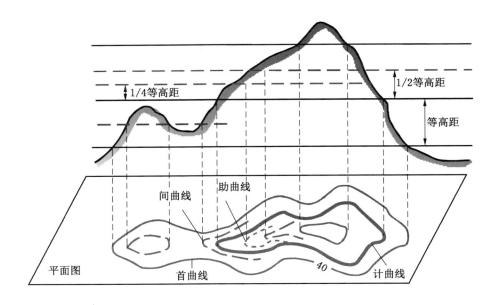

图 2 – 15　等高线的种类

（4）助曲线，又叫辅助等高线，是按四分之一等高距描绘的细短虚线。用以显示间曲线仍不能显示的局部微型地貌。

间曲线和助曲线只用于局部地区，所以它不像首曲线那样一定要各自闭合。除描绘山顶和凹地的曲线各自闭合外，表示鞍部时，一般只对称描绘，并终止于适当位置；表示斜面时，一般终止于山脊两侧。

对于独立山顶、凹地以及不易辨别斜坡方向的等高线，还要绘出示坡线。示坡线是与等高线相垂直的短线，是指示斜坡的方向线，绘在曲线拐弯处，其不与等高线连接的一端指向下坡方向，如图 2 – 16 所示。

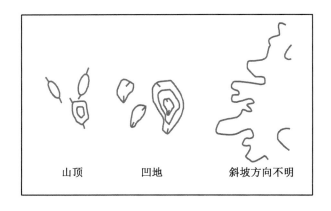

图 2 – 16　示坡线

5. 高程起算和注记

1987 年以前，我国采用青岛验潮站 1950—1956 年依黄海海面验潮结果而确定的平均海水面位置，并把由此面确定的点高程，称为"1956 年黄海高程系"高程。为保证精度，又依青岛验潮站 1952—1979 年的验潮资料进行了计算，确定出了新的黄海平均海水面位置，比原来高出 29 mm，并决定于 1988 年起，以此新的黄海平均海水面作为全国高程起算面，并称此面为"1985 国家高程基准"。新旧基准上的实地高程换算关系为：$H_{85} = H_{56} - 0.029\mathrm{m}$。

从黄海平均海水面起算的高程叫真高，也叫海拔或绝对高程；从假定水平面起算的高程，叫假定高程或相对高程；地貌、地物由所在地面起算的高度叫比高，它是相对高程的一种；起算面相同的两点间高程之差叫高差，如图 2-17 所示。

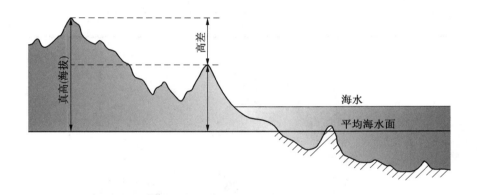

图 2-17　高程起算

地形图上的高程注记有三种，即控制点高程、等高线高程和比高。控制点（包括三角点、水准点等）的高程注记为黑色，字头朝向北图廓；等高线的高程注记用棕色，字头朝向上坡方向；比高注记与其所属要素的颜色一致，字头朝向北图廓，如图 2-18 所示。

二、图上识别地貌

（一）山的各部形态

尽管地貌的外表形态千差万别、多种多样，但它们都是由某些基本形态组成的，这些基本形态是：山顶、凹地、山背、山谷、鞍部和山脊等，如能熟识这些基本形态，识别等高线图就比较容易了。

1. 山顶、凹地

山的最高部位叫山顶。山顶依其形状可分为尖顶、圆顶和平顶三种，图上表示山顶的等高线是一个小环圈。环圈外绘制有示坡线，通常可省略，如图 2-19 所示。

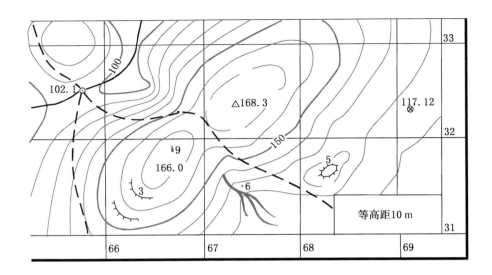

图 2-18　地形图上的高程注记

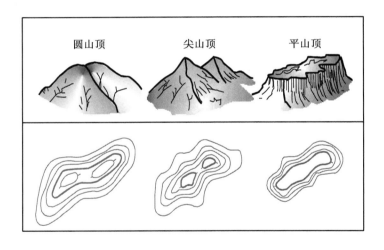

图 2-19　山顶的表示

比周围地面低下，且经常无水的低地，叫凹地。大面积的低地称盆地，小面积的低地称凹（洼）地。图上表示凹地的等高线是一个或数个小环圈，并在环圈内绘有不可省略的示坡线。

2. 山背、山谷

山背，是从山顶到山脚的凸起部分，很像动物的脊背。下雨时，雨水落在山背上向两边分流，所以最高凸起的棱线又叫分水线。图上表示山背的等高线以山顶为准，等高线向外凸出，各等高线凸出部分顶点的连线就是分水线，如图 2 - 20 所示。

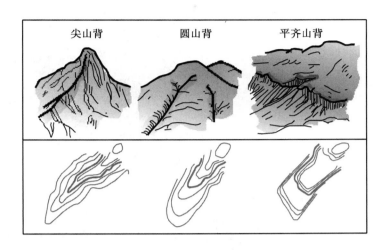

图 2 - 20　山背的表示

依山背的外形分，有尖的、圆的和平齐的三种。尖山背，等高线依山背延伸方向呈尖状弯折；圆山背，等高线依山背延伸方向呈弧状弯折；平齐山背，等高线依山背延伸方向呈平齐状弯折。

山谷，是相邻山背、山脊之间的低凹部分。由于山谷是聚水的地方，所以最低凹入部分的底线又叫合水线。图上表示山谷的等高线与山背相反，以山顶或鞍部为准，等高线向里凹入（或向高处凸出），各等高线凹入部分顶点的连线就是合水线，如图 2 - 21 所示。

根据山谷横剖面的形状分尖形的、圆形的和槽形的三种。尖形谷的横剖面是上部宽敞，底部尖窄，等高线图形为"V"形；圆形谷的横剖面是上部宽敞，底部近于圆弧状，等高线图形为"U"形；槽形谷的横剖面如同水槽上宽下窄的几何梯形，等高线图形为"凵"形。

3. 鞍部、山脊

鞍部，是相连两山顶间的凹下部分，形如马鞍状，故称鞍部。图上是用一对表示山背的等高线和一对表示山谷的等高线显示的，如图 2 - 22 所示。

山脊，是由数个山顶、山背、鞍部相连所形成的凸棱部分。山脊的最高棱线叫山脊线，如图 2 - 23 所示。

（二）斜面和防界线

1. 斜面

斜面是指从山顶到山脚的倾斜部分，又叫斜坡。如图 2 - 24 所示，斜面按其起伏形状分为四种：

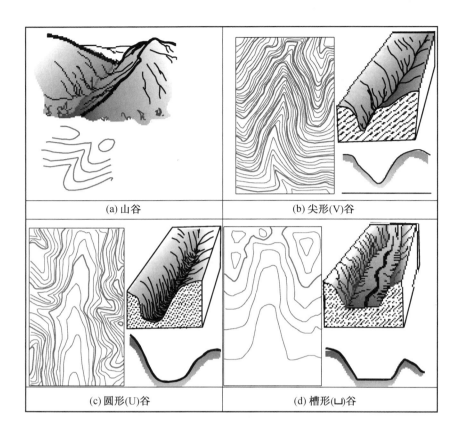

图 2-21 山谷的表示

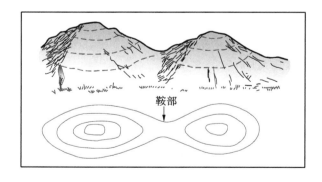

图 2-22 鞍部的表示

（1）等齐斜面：实地斜面的坡度基本一致，所有地段均可通视，便于观察瞭望。在图上，等高线间隔大致相等，仅有陡坡和缓坡之分。陡坡等高线密，间隔小；缓坡等高线

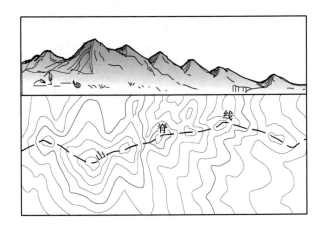

图 2-23　山脊的表示

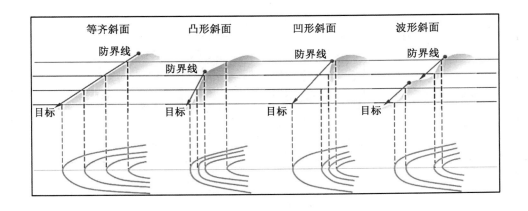

图 2-24　斜面的表示

稀，间隔大。

（2）凸形斜面：实地斜面的坡度上缓下陡，部分地段不能通视，形成观察瞭望的死角。在图上，等高线间隔上面稀下面密。

（3）凹形斜面：实地斜面的坡度上陡下缓，所有地段均可通视，便于观察瞭望。在图上，等高线间隔上面密下面稀。

（4）波形斜面：等齐斜面、凸形斜面、凹形斜面三种斜面的组合斜面，实地斜面的坡度交叉变换、陡缓不一，且若干地段不能通视，形成观察瞭望的死角。在图上，等高线间隔密疏不一。

2. 防界线

防界线通常是斜面上凸起的倾斜变换线。在防界线上能展望其下方的部分或全部斜面，利于在消防救援行动中设置观察与瞭望点，用以监视其下方地形环境的安全性。在图上，防界线一般位于山顶下方，等高线由稀变密的地方，如图 2-24 所示。

（三）地貌符号

用等高线表示地貌的方法，虽然比较科学，但它毕竟是一种相当简化的曲线图形，由于地貌形态复杂多变，不论等高距选择得如何正确，描绘得又如何精细，它都不可能逼真地反映地形的全貌，在等高线之间总有遗漏的微小地貌，这是等高线本身无法克服的缺点，因此必须采用地貌符号，才能弥补等高线之不足。地貌符号主要有三种：

1. 微型地貌符号（图 2-25）

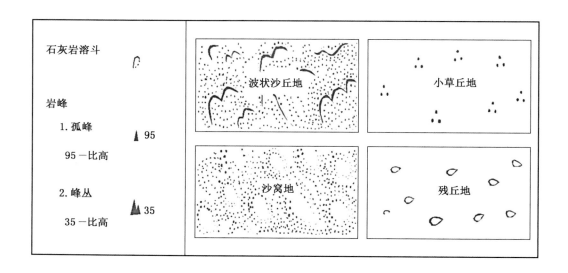

图 2-25 微型地貌符号

（1）溶斗：石灰岩地区受水溶蚀而形成的漏斗或小凹地，底部有透水窟窿的才用该符号表示。黄土地区的溶斗也用此符号，但均注记有"土"字。

（2）岩峰：高耸于山岭、山坡或平地上的柱状岩石，是良好的方位物。孤立的用"孤峰"符号表示，成群的用"峰丛"符号表示，峰丛的比高注记是指其中最高的岩峰。

2. 变形地符号（图 2-26）

（1）冲沟：土质疏松、植被稀少的斜坡上，由暂时性流水冲蚀而成的大小沟壑，它是黄土地形的典型地貌。根据符号在图上的宽度，可分为单线冲沟、双线冲沟（依比例）和陡壁冲沟（依比例，用陡壁符号或加等高线表示）三种。

（2）陡崖：坡度在 70°以上难于攀登的陡峭崖壁。有土质和石质之分，实线表示陡崖

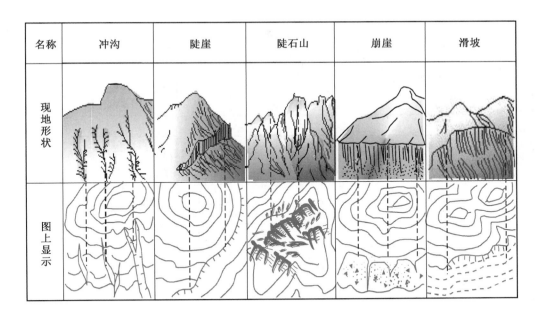

名称	冲沟	陡崖	陡石山	崩崖	滑坡
现地形状					
图上显示					

图 2 - 26　变形地符号

的上缘，虚线表示斜坡降落方向，一般都注记比高。

（3）陡石山：岩石大部或全部裸露在外，坡度大于 70° 的山地，陡石山符号是按照光线法则，以断续的山脊线表示岩顶，以纵横交错的短线表示陡岩。

（4）崩崖：山坡受风化作用后，岩石碎屑从山坡上崩落下来的地段。图上用密集的小圆点表示沙土质崩崖，用三角块加小圆点表示石质崩崖，大面积的崩崖用等高线配合表示。

（5）滑坡：斜坡表层因地下水（或地表水）的影响，在重力作用下沿着斜坡下滑的地段。滑坡的上缘用陡崖符号绘出，范围用点线描绘，内部用断续的等高线表示。

3. 土质特征符号（图 2 - 27）

（1）沙地地貌：干燥气候区形成的风积地貌。因地表形态多种多样，所以又分为平沙地、多小丘沙地、波状沙丘地、多垄沙丘和沙窝地。总的起伏与走向用等高线表示，以符号显示沙地地貌的种类。

（2）沙砾地：沙和砾石混合分布的沙砾地，或是地表面几乎全为砾石覆盖的戈壁滩。

（3）石块地：碎石分布的地段。注意露岩地、沙砾地、石块地三者的区别。

（4）盐碱地：地面盐碱聚积，呈现白色，草木很少的地段。

（5）小草丘地：在沼泽、草地和荒漠地区、草类或灌木的小丘成群分布的地段。

（6）残丘地：由风蚀或其他原因形成的成群石质和土质小丘。

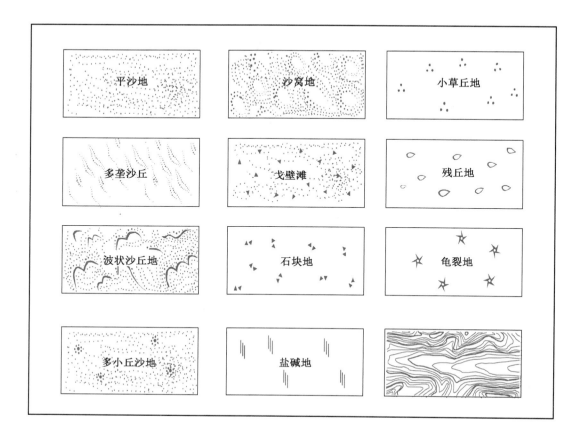

图 2-27 土质特征符号

（7）龟裂地：荒漠地区、表面土质为粘土的低洼地段，在干燥季节龟裂成坚硬的块状，下雨后则一片泥泞。

三、图上判定高程、高差

在地形图上判定高程和高差，是根据等高距和高程注记进行的。要做到迅速、准确，就必须掌握判定的方法。

（一）高程的判定

在使用地形图时，经常要判定点位的高程。图上判定高程的方法是：

（1）先从南图廓外查明本图的等高距，并在判定点附近找出控制点或等高线的高程注记。

（2）根据判定点与已知高程注记的关系位置，向上或向下数等高线，并加（减）等高距。

（3）根据判定点所在的位置，判定其高程。①当点在等高线上时，判明该等高线的高程，就是该点的高程。如图 2 - 28 所示，判定独立房（11，71）的高程时，先弄清本图幅的基本等高距为 10 m，再在附近找到计曲线的高程注记为 300 m，从图上看出，独立房的等高线比计曲线低 3 个等高距，所以独立房的高程为 270 m。也可利用附近点（12，72）的高程注记 357.4 m，该山顶的最高等高线为 350 m 计曲线，7.4 m 为余高，再由此向下数，独立房所在的等高线高程即为 270 m。②当点在某两条等高线之间时，应先判明其上、下相邻两条等高线的高程，再按该点所在等高线间的部位进行估计。如图 2 - 28 所示，判定突出树（12，73）所在地面的高程，因突出树位于 310 m 与 320 m 两条等高线之间，约占等高线间隔的 2/5，所以突出树的地面高程约为 314 m。③当点在无名高地顶点或鞍部时，先判定该点下方一条等高线的高程，再加半个等高距的米数（如下方一条等高线为间曲线，应加 1/4 等高距米数）。如图 2 - 28 所示，独立石（13，74）所在地面的高程约为 325 m，独立石左侧鞍部的高程约为 285 m。

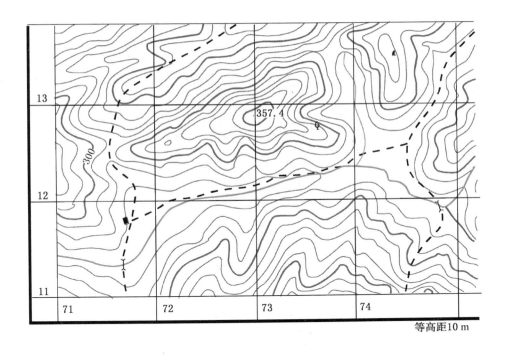

图 2 - 28　高程的判定

（二）高差的判定

判定两点的高差时，应先分别判明两点各自的高程，然后两数相减，即得高差。如图 2 - 28 所示，独立房（11，71）的地面高程为 270 m，突出树（12，73）的地面高程为 314 m，则两点的高差为：314 m - 270 m = 44 m。

图 2 - 29 将利用等高线判定高程的一般规律列出，以供学习训练参考。

		山顶与凹地并列，相差一个等高距(凹地低于山顶)
		同坡等高线，高程顺次增高(脊)或降低(谷)
		山脊上的山顶与上一条等高线同高，山脊上的凹地与下一条等高线同高
		山顶的闭合曲线，其高程由外向内升高。凹地的闭合曲线，其高程由外向内降低
		并列山顶高程相等。并列凹地高程相等
		山顶中有凹地，相邻等高线同高。凹地中有山顶，相邻等高线同高
		谷地中的山顶与上一条等高线同高。谷地中的凹地与下一条等高线同高
		谷地(河流)两侧，对应等高线同高
		鞍部对应等高线同高

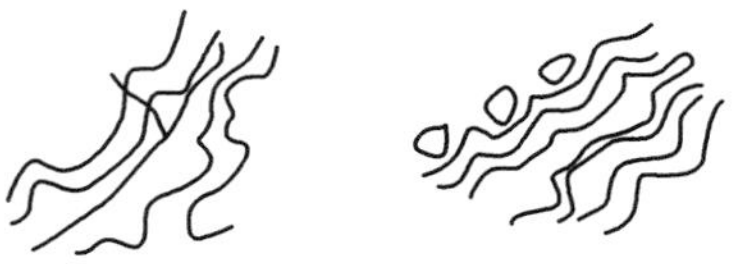

图 2-29 高程判读规律

四、图上判定地面的起伏与坡度

(一) 地面起伏的判定

在图上判定行动区域或行进方向上的起伏状况时，首先应根据等高线的疏密情况、高程注记、河流的位置和流向，判明各山脊的分布状况和地形总的升降方向，再具体分析山顶、鞍部、山脊、山谷的分布，详细判明起伏状况。其判定根据如下：

（1）根据等高线的疏密判定。在地形图上，一般是高处、陡坡的等高线密，低处、缓坡的等高线稀。

（2）根据高程注记判定。高程递增的为上坡方向，递减的为下坡方向；等高线的高程注记，字头朝向上坡方向。

（3）根据示坡线判定。示坡线与等高线相连接的一端是上坡方向，另一端指向下坡方向。

（4）根据河流符号判定。地形图上河流符号多数由细变粗，大的河流还绘有流向符号，从而能判断出河流的上下游，明确倾斜方向。当河流横穿一组等高线时，上游的等高线是上坡方向，下游的等高线是下坡方向；当一组等高线在河流一侧时，靠近河流的等高线低，远离河流的等高线高。

（5）根据山的各部形态判定。在同一组地貌单元内，通常山顶高，鞍部低；山背高，山谷低；山脊高，山脚低；山地高，平原洼地低等。通过图上各部形态的等高线图形，就能判定其高低或上下坡方向。

具体判定时，应根据上述方法，逐片逐段地进行。例如图 2 - 30 表达的是从亭子出发，经过 1、2、3、4、5、6 各点到达独立树丛的起伏状况。

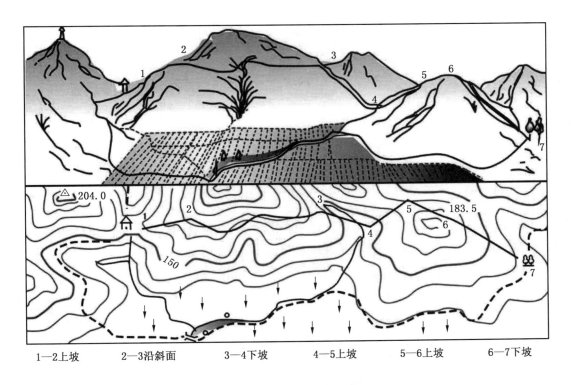

图 2 - 30　地面起伏的判定

（二）坡度判定

在图上判定坡度时，常用的有以下两种方法：

1. 用坡度尺量

地形图南图廓的下方都绘有坡度尺，如图 2 – 31 所示，坡度尺的底线上，注有从 1° ~ 30°的坡度数值和 3.5% ~ 58% 的倾斜百分比，从下至上有 6 条线（1 条直线，5 条曲线），可以分别量取 2 ~ 6 条等高线间的坡度。量取两条等高线间的坡度时，先用两脚规（或纸条、草棍等）量取图上两条等高线间的宽度，然后到坡度尺上比量，保持宽度并将其一端沿坡度尺底线水平移动，直到另一端与对应条数的曲线相交，即可读出下方对应的坡度。如图 2 – 31 所示，量得"2 号"路段六条等高线间的平均坡度为 5°。

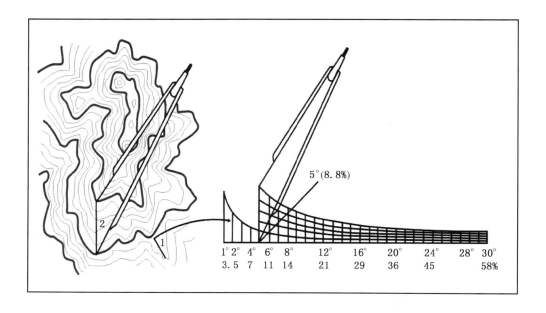

图 2 – 31　用坡度尺量取坡度

如几条等高线的间隔大致相等时，可一次量取 2 ~ 6 条等高线的间隔。量取几条等高线，就在坡度尺以最下方一条线为基准比几条，然后读出相应的坡度。

用坡度尺量坡度时，应注意以下四点：

（1）量等高线间隔时，以首曲线为准（包括计曲线），但间曲线、助曲线的间隔不能比量。

（2）等高线间隔大的，可量一个间隔；间隔小而且相等的，可一次量 2 ~ 5 个间隔；在图上量几个间隔，在坡度尺上也要在几个间隔上比量。

（3）各等高线间隔大小不等时，应分段量读，分别求其坡度。

（4）量斜面坡度时，应量取与等高线略成垂直方向的间隔；量读行进路线的坡度时，应沿行进方向量取等高线间隔，否则量读的坡度与实地不符。

2. 根据等高线间隔计算

在 1∶5 万的地形图中，如果采用统一规定的基本等高距，那么两条相邻首曲线的间隔若为 1 mm，则相应现地坡度约为 12°。其计算方法如下：

因：$\tan\alpha = 10/50 = 0.2$

故：$\alpha = 12°$

当两条相邻首曲线的间隔大于或小于 1 mm 时，只要用 12°除以此间隔的毫米数，就可以得出实地坡度。例如：

相邻两条曲线的间隔为 2 mm，则坡度为 $12° \div 2 = 6°$。

等高线的间隔为 0.4 mm，则坡度为 $12° \div 0.4 = 30°$。

以上这种计算法，只适用于 30°以下坡度，且角度愈大，误差愈大。

如果等高线的间隔太小不便量取时，可一次量取几个大致相等的间隔，然后求出每个间隔的平均毫米数，再按上面的方法计算。

五、通视情况的图上判定

地形的通视情况对观察、瞭望等有很大影响。利用地形图判定两点间的通视情况时，主要根据观察点、遮蔽点和目标点三者的关系位置和高程而定。方法有两种：

（一）直接判定法

首先在图上将观察点和目标点连一直线，并在连线上找出遮蔽点；然后判定出观察点、遮蔽点、目标点的高程，若遮蔽点低于观察点和目标点的高程，或与较低的一点同高时，则能通视，如图 2 – 32、图 2 – 33 所示。若遮蔽点高于观察点和目标点的高程，或与较高的一点同高时，则不能通视，如图 2 – 34 所示。

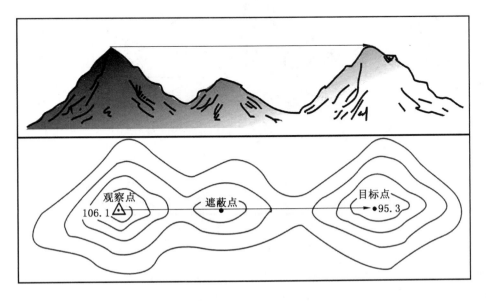

图 2 – 32　遮蔽点低于观察点和目标

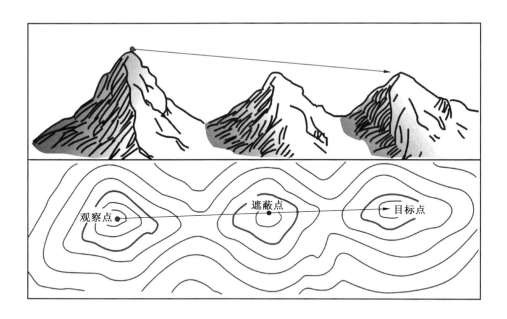

图 2-33 遮蔽点与目标点同高并低于观察点

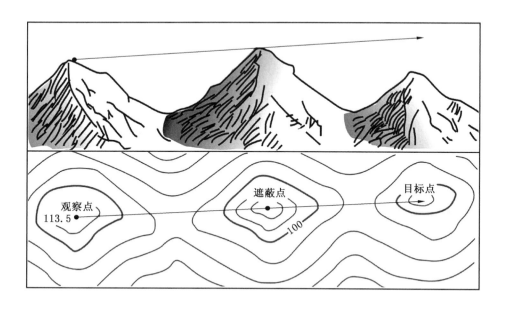

图 2-34 遮蔽点高于观察点和目标点

（二）高差图解法

当遮蔽点的高程介于观察点和目标点高程之间、不易直接判定时，可采用高差图解法来判定。以图 2-35 为例：

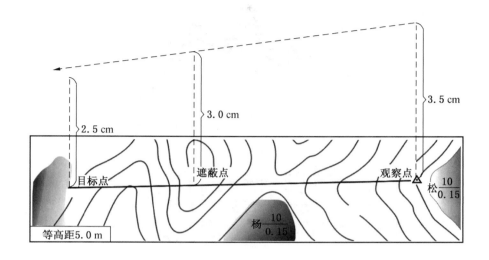

图 2-35　高差图解法判定

（1）从观察点至目标点连一直线，并在连线上找到遮蔽点的位置。

（2）分别判定观、遮、目三点的高程（观察点 70 m、遮蔽点 60 m、目标点 50 m）。

（3）通过三点的连线分别作出代表高程的垂线，长度可以 1 cm 代表高程若干米（如 1 cm 代表 20 m，则观察点为 3.5 cm，遮蔽点为 3 cm，目标点为 2.5 cm）。

（4）经过观察点、遮蔽点垂线的顶端连一条直线（展望线）。

（5）根据展望线和目标点垂线顶端的关系位置判断：若目标点的垂线顶端高于展望线则能通视；等于或低于展望线，则不能通视。如图 2-35 所示的情况，判定为不能通视。

六、利用等高线判读地貌应注意的问题

（1）利用等高线判读地貌起伏时，必须是一组等高线才能进行，单凭一条等高线很难判定地貌形态。

（2）判读地貌形态，量算高程、坡度等时，必须在大于 1∶10 万地形图上才能进行。因为小于 1∶25 万的地形图，等高线是经过综合取舍编绘出来的，只能反映地貌大致形态和用作高程统计，所以在这类图上量算坡度，就很难做到与实地一致。

（3）由于等高线之间有一定距离，所以无法表示两条等高线跨度内的地形变化，使得一些微小地形遗漏在两条等高线之间，因此地图与实地就不可能一模一样，甚至无法准确判读一些山顶和鞍部的点位及高程。如图 2-36 所示，实地的 47 高地和 54.5 高地在地形图中就未能表示出来。

（4）有些地区如山地，由于坡度太陡，等高线十分密集，图上两条计曲线之间很难

59

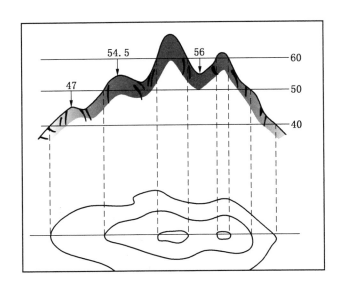

图 2 - 36　等高线间的地形遗漏

画出四条首曲线，因此，制图时采用了合并或略绘首曲线的方法，即两计曲线间只绘三条、两条、一条，甚至一条首曲线都不绘，如图 2 - 37 所示。遇到这种情况，切不可产生错觉或误解。

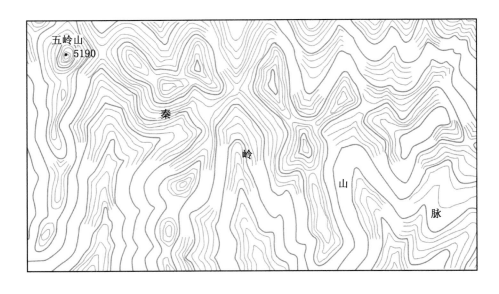

图 2 - 37　等高线的合并与略绘

（5）在地形图上，有时可能出现局部地区等高线图形与实地不符的情况，此时应根据附近等高线图形和其他地形特征进行综合分析，以得出正确的判读结果。

（6）等高线表示地貌缺乏立体感，只有多判读、反复实践，才能掌握判读技能。

第三节　城区图、交通图、航空像片、卫星照片的判读

消防救援队伍在遂行任务中，地点多在城镇，机动多依道路。因此，加强对城区图、交通图的判读研究，是指挥及战训业务人员学习地形知识的必然要求。同时，在信息化条件下，航空像片、卫星照片已经成为获取任务区现势和详细地形情况的主要资料，了解其知识及判读方法，同样也是指挥和战训业务人员需要具备的基本素质。

一、城区图的判读

（一）城区图

在地图的分类中，城区图属专题地图的一种，是为适应人们商贸、教育、交通、旅游等需要而测制的，其比例尺通常大于1∶1万。随着城市化进程的进一步加快和城市规模的不断扩大，人们对城市的了解需要也越来越多样化。如商人要了解城市的商务信息，司机要了解城市的交通状况，旅游者要了解城市的旅游资源等。同时，凡是需在城市逗留的人们，都需要了解该城市的宾馆、商店、车站、医院、学校、影院、企事业单位等的分布信息。因此，大比例尺的城区图是了解城市的必备工具，如图2-38所示。

（二）城区图显示地形的特点

作为一种专题地图，城区图显示地形的方法具备以下四个特点：

1. 以显示地物为主，一般不显示地貌

城区图一般是较大比例尺的专题地图，主要起到指示目标与方位的作用。因此，城区图主要在平面上显示重要地物的分布情况，对地貌情况一般不作显示。当城区内出现起伏较大的地形时，主要有两种显示方法：第一种是等高线法，其表示形式与地形图相同，但没有等高距的注记，仅起到示意作用；第二种是分层设色法，通常利用由暖色向冷色过渡的方法，表示城区中有明显起伏的地形，如图2-38所示的"南山公园"。

2. 依照专题需要显示地物

城区内地物密集，如果全都一一调绘，图面就会显得拥挤不堪，不便于判读。因此，城区图通常依据专题来确定图种和显示的内容，凡与本专题关系不大的地物，通常不显示或综合取舍后少显示，以保证主题突出、图画清晰。

3. 通常用形象的图形显示重要和突出的地物

城区地图，没有统一的图式，所以地物的显示方法在各地出版的图册中各不相同。由于城区图的用途主要是为人们的日常生活提供便利，要让没有经过专门训练的人也能较容易地识别相关地物。因此，在地物符号设计时，总体上还是遵循形象直观、通俗易懂的原则，通常用非常简明、易懂且科学合理的象征性图形来显示重要和突出的地物。

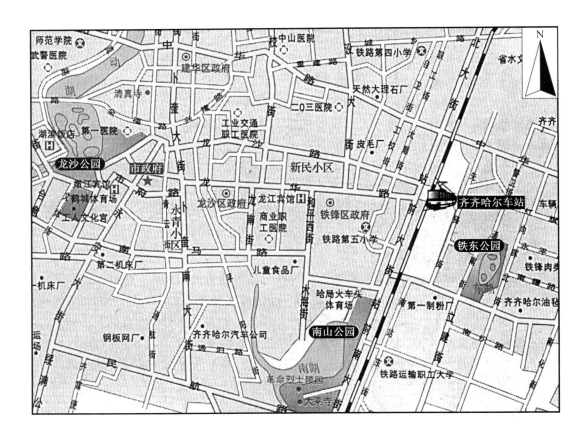

图 2-38　城区图示例一

　　分布在城区内的旅游景点，如动物园、古寺庙、公园、纪念堂、度假区、名胜区、观光园等，通常用与实际景观相似的微缩图形标示，如图 2-39 所示的"光孝寺""西汉南越王墓"等，也有的用色点加注记标示。

　　分布在城区内的交通设施，如公路、铁路、各型桥梁等，标示方法基本与地形图的标示方法相同。而汽车站、火车站、机场、码头等，通常用与之相关的汽车方向盘、火车或火车站台、飞机、铁锚等图形标示，如图 2-38 所示的"齐齐哈尔车站"及图 2-39 所示的"省汽车客运站"等。

　　城区中的生活设施，如宾馆、学校、餐馆、医院等，通常用该设施的标志性徽记来标示，如图 2-39 所示的"龙江宾馆""东四小学""华侨酒店"等。

　　城区中用于娱乐的设施，如影院、体育场等，通常用能生动反映该设施的图形来标示，如影院用"放映机"或"座椅"标示，体育场用"田径场"标示等，如图 2-39 所示的"荔湾体育场"。

　　4. 通常依需要进行分幅和确定比例尺

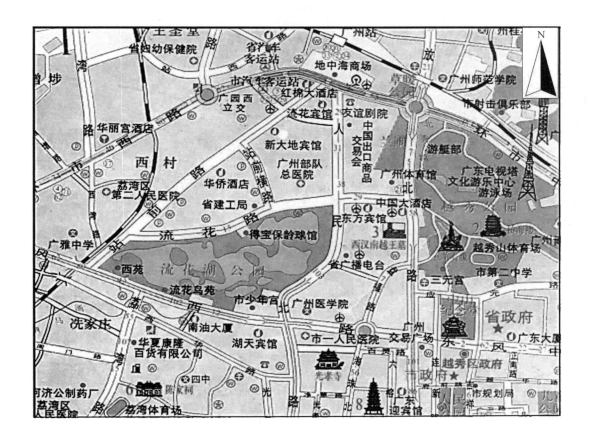

图 2-39 城区图示例二

城区地图的分幅和比例尺一般根据制图的目的与需要来确定，通常城市中心分幅较精细、比例尺较大，一般会大于1∶1万；而靠近市郊的区域分幅较粗略、比例尺较小，一般都小于1∶1万。如图 2-40 所示，是某图册的分幅索引图，大小不等的方框显示的是分幅情况，框内左上显示的是比例尺，右下显示的是该幅图在图册中的页码数。

（三）城区图识读与研究

对城区图的识读，除了阅读图面上提供的信息外，还应结合有关资料才能完成，必要时还要自行调制局部略图来辅助。通常应识读以下内容：

1. 街道状况

城区街道一般分为主要街道、一般街道和巷道三种类型。

（1）主要街道：在城区图中用较宽的双线道路图形显示，它是城市中人流、车流的主要线路，路宽一般在 20 m 左右。在大中城市，此类街道通常还有高架路相伴，如图 2-39 所示的"人民北路""东风路"等。

（2）一般街道：在城区图中用中等宽度的双线道路图形显示，它是沟通各街区联系

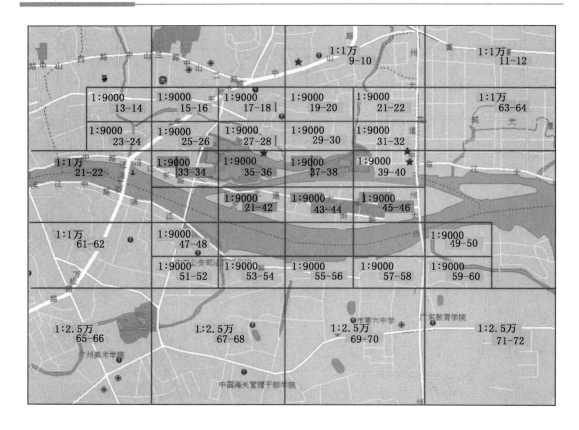

图 2-40 城区图的分幅与比例尺

的主要线路，路宽一般在 10 m 左右，如图 2-39 所示的"西华路""应元路"等。

（3）巷道：在城区图中用较细的双线道路图形显示，它是各街区内的沟通线路，主要用于人流通行，路宽一般在 5 m 左右，如图 2-39 所示的"越华路""府前路"等。

2. 街区功能

通过对街道两边建筑物性质的识读，来判断该街区的功能，是城区图识读的一个重要内容。街区按其功能通常可以分为商业区、居民区、游览区、公务区、交通集散区等，对其识读可以判定人流量、车流量等信息，在消防救援工作中具有重要意义。

（1）商业区：街道两边主要分布商业网点、酒店宾馆等设施的街区，称为商业区。此类街区通常处于城区的繁华地带，如图 2-39 所示的"人民北路"北段，其东靠"中国出口商品交易会"，北依地中海商场，西邻流花宾馆和新大地宾馆，南接东方宾馆和中国大酒店，是比较典型的商业区域，人流量和车流量均比较大。

（2）居民区：以市民居住、生活为主要功能的街区，称为居民区。如图 2-39 所示的站前路西北方向的"西村"，此类街区以居民外出和进入活动为主，人、车流量适中。

（3）游览区：以旅游景点分布为主的街区，称为游览区。如图 2-39 所示，围绕越秀公园的解放北路、环市中路，围绕流花湖公园的流花路、人民北路中段等，均属于此类街区。此类街区通常人流量较大，车流量较小，特别是在节假日期间，人流量及人群密集度均比较大。

（4）公务区：主要分布行政及企事业单位的街区，称为公务区。如图 2-39 所示的东风中路，其北面有省政府，南面有越秀区政府、市政府、市规划局等单位，此类街区进出的大多是办理相关事务的人员，人流量较小，车流量较大。

（5）交通集散区：环绕大中型车站的街区，称为交通集散区。如图 2-39 所示的省、市汽车客运站及广州火车站附近的街区等，此类街区由于人员进出站活动比较频繁，成为城区中人群聚集最为密集、人流量比较大的地区。特别是在节假日期间，人流量和人群密集度均会骤增。

3. 重要目标周边情况

围绕重要目标（如政府驻地、电视台、电台、广场、公园等）的周边情况，对城区图进行识读，不仅要分析图面上提供的信息，还要结合相关资料辅助识读。识读的内容主要有：目标的面积及人员容量（结合自行调制的略图分析）；周围道路的分布、流量；各目标之间的距离、目标的内部结构（结合建筑图分析）等。

二、交通图的判读

在地图的分类中，交通图也是专题地图的一种，比例尺通常小于 1:100 万，有的交通地图册也绘有大于 1:100 万的。交通图是以反映营运路线与里程为主要内容的，判读时也以这两项内容为重点。

（1）铁路的线路使用铁路符号标出经由线路，但也非准确的线路，仅表示经过的各站点的情况。其营运里程通常标注在线路一旁，识读时可以据此进行量算。如图 2-41 所示，由衡阳西至永州的营运里程为 135 km，至全州的营运里程为 233 km。

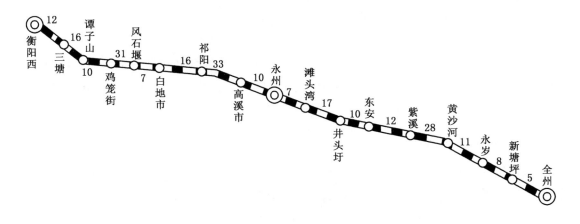

图 2-41 铁路线路与营运里程

（2）公路线路与铁路线路的标示方法相同，通常使用公路符号标出经由线路。公路的营运里程，除了与铁路一样可在图中线路旁的里程注记中量读外，还可在交通图册中提供的里程表对应查算。如图2-42所示，由大连至白山的营运里程为724 km，长岭至大洼的营运里程为175 km。

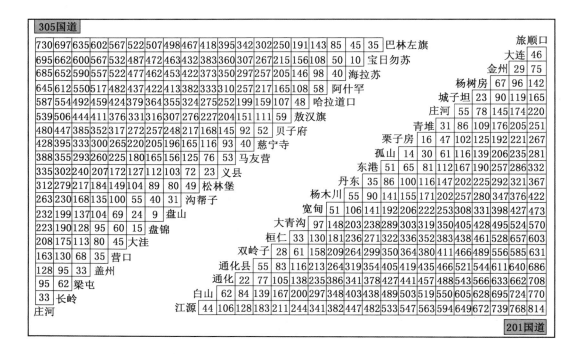

图2-42　公路里程表

（3）航空线路中，国内航线通常用红色线条标示，国标航线通常用紫色线条标示。所标示的线路也仅起示意作用，营运里程在图上不作标示，由航空公司提供，如图2-43所示。

（4）水运线路通常用蓝色线条标示，线上均标有航线名和里程。如图2-43所示，"广州—马尼拉720"，表示水运线路是由广州至马尼拉，营运里程为720 n mile。要注意的是，所标示的线路仅起示意作用，并非实际航线。

三、航空像片的判读

航空像片又称航摄像片，是约在20 km以下，运用飞机或气球上的航摄仪从空中向地面进行连续光学摄影所得的像片。按航摄仪在摄影时主光轴偏离铅垂方向的倾角，可分为垂直摄影像片和倾斜摄影像片，前者主光轴倾斜不大于3°，后者大于3°。常用的是垂直摄影像片。按拍摄时的用光波段和像片色彩可分为红外航摄像片、彩色航摄像片、黑白航

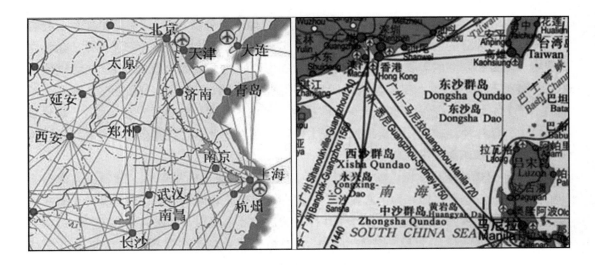

图 2 - 43　航空、水运线路示意

摄像片以及多光谱航摄像片等。航摄像片是航空测量、航空地质、环境研究以及其他资源研究工作的基础资料，也是解决农业、林业、水利、军事和灾害事故救援等有关问题的重要资料。在地震构造、震害、新构造研究中有广泛的应用，也是基础性的遥感图像之一。

（一）航摄像片的技术特征

（1）航摄像片与地形图的差别。航摄像片是地面的中心投影，地形图则是地面在水平面上的垂直投影。所谓中心投影就是空间任一点（物点）与固定点（投影中心）连成一直线，被一平面（投影面）所截，则此直线与投影面的交点（像点）叫作该空间点的中心投影。

（2）航摄像片特征及技术要求。航摄像片的幅面大小，称作像幅。根据所采用的航空摄影相机的不同，可获得不同像幅的航空像片，如 18 cm×18 cm、23 cm×23 cm 和 30 cm×30 cm 的像幅。为了便于使用，在航空像片的边缘部分，通常晒印有各种摄影参数和注记符号。航空像片是属于中心投影摄影成像的。由于像片存在倾斜误差和投影误差，所以像片上各部位的比例尺是不一致的。通常所说的像片比例尺，是相对平均比例尺而言。在摄影机焦距固定的情况下，航空像片的比例尺主要取决于航高，相对航高愈大，航空像片的比例尺就愈小。

航空像片的摄影技术要求有：像片的倾斜角应小于3°，对预定航高的偏差不应大于5%，在一条航线上最大最小航高之差不应超过50m；航向重叠应为53%～60%，旁向重叠应达到18%～30%，不得少于15%，航线的飞行直度和底片的压平度，均有具体要求。航空像片的质量评定，要求影像清晰，灰度适中，反差正常，曝光时间和显影时间要准确，像片中央和边缘的色调要均匀，滤色片的选择要合适，云影、阴影、损伤擦痕等不致影响观察和使用。

（3）航摄像片重叠度。航摄像片重叠度简称"像片重叠度"，即相邻航摄像片上具有同一地区影像部分的大小。相邻像片之间有一定重叠，可保持航摄像片的连续性，满足立体观察、测量和制图的需要。同一航线上两相邻像片间的重叠称"航向重叠"，标准值为60%，最小不小于53%；相邻航线之间的像片重叠叫"旁向重叠"，标准值为30%，最小不小于15%；同一地物影像在相邻三张像片上都出现的部分称为"三度重叠"。像片重叠度过大，像片消耗较大，也会增加航摄工作量；重叠度过小，可能会因过分利用像片边缘作业而降低解译和成图的精度。

（4）航摄像片使用面积。航摄像片的使用面积，即像片中投影差、倾斜误差都很小的中央部分。由于航空像片为中心投影，普遍存在投影差和倾斜误差，而且像片中越靠近边缘的部分误差越大。因此，在工作中往往只采用像片中投影差和倾斜误差比较小的中央部分。航空像片的使用面积一般是由与其周围相邻像片的旁向重叠与航线重叠的中线（或距中线不超过 1 cm 的线）所围成的中央部分。

（5）航摄像片立体观察。航摄像片立体观察是用连续拍摄的航空像片观察立体模型的方法。人眼用单眼观察物体只能得到形状、大小二维空间视觉，而不能分辨远近。只有双眼观察才能获得三维空间立体感。这是因为双眼观察同一物体时，物体光线通过眼球前方之晶状体在视网膜上构成实像。两眼的视线与该物点交会成一交向角，此角度随物体离眼球之距离增大而减小。两物体有远近，则交向角有大小。反映在两眼视网膜上构像位置不同，就有生理视差，生理视差是双眼能够分辨物体远近的根本原因。航空摄影时，通过两摄影站对同一地物摄影而得出两张具有视差的像片，这与双眼观察该物体时情况相似，如果将双眼代替摄影机镜头，并设法使左右两眼分别观看左右像片，使各像点视线构成的光束与摄影时光束相应、方位一致，便可得到地物的立体感觉。

（二）航摄像片判读的基本方法

航摄像片判读亦称"航空像片解译"。根据地物的光谱特性、几何形状和成像规律，判释出与像片影像相应的地质体、地物类别特征和某些要素，是航空地质学的主要研究方法之一。将影像与地物的光谱特征以及典型样片对照，配合地面调查结果建立各种地质体或地物的影像解译标志，利用肉眼立体观察或使用专门判读仪进行判读。判读结果在像片上解译和绘出各种地质界线、地质构造，区分出不同的地层和岩性，最终编制出各种专业地质图件。在较大比例尺的航摄像片上，可判释出相应地区的地震震害、地震形变带、火山以及新沉积物变形等。

航空像片的判读效果，一方面取决于航空像片的质量，另一方面也取决于判读人员的专业水平和判读经验。一般来说，专业知识丰富，判读经验多，判读效果就会好。进行判读时，首先根据判读标志观察像片上地物的影像特征，然后判断地物的性质。

根据判读对象的不同情况，判读时可采用以下方法：

（1）直接判定法。对像片上影像特征比较明显的地物，通过直接观察即可判断地物性质。

（2）对比分析法。这种方法是将像片上待判的影像，与已有的标准航空像片进行比较，以判定该地物的性质。标准航空像片是预先选定的典型样片，像片上地物的性质是已知的。

（3）逻辑推理法。利用各种现象间的关系，按照逻辑推理进行判读。如像片上有一条道路垂直通过河流的对岸，则河上应有桥，若河面上无桥，则说明此处水较浅，流速较小，易于徒涉。利用判读标志直接从像片上判定地物，大部分是地面的可见物体。对地理工作者来说，不仅要了解地面个体地物特征，而且更需要了解地区的综合特点，以及它们的发生、发展规律，逻辑推理法在专业判读时应用的比较广泛。因此，应该注意运用地理专业知识，细致观察各种地物的相互关系，用综合的观点分析个体的特征，同时对个体特征进行综合分析。

（三）像片判读的基本依据

任何物体都有一定的形状、大小和颜色，这是我们识别物体的基本依据，称为直接特征。此外，物体不是孤立存在的，总与周围物体有一定关联，如村庄一定有道路连接，桥梁一般架在河流或沟壑上，高大的物体容易产生阴影，车辆经过在地面留有痕迹等。这些相关的位置、阴影和活动痕迹等也都是间接识别物体的依据，称为间接依据。在像片上按影像识别物体的基本依据是影像的形状、大小、色调、阴影、位置、纹形和活动特征七个方面，统称为识别特征。当然，要达到准确的判读，其前提条件是对物体本身有着深刻的了解，即掌握其所具有的识别特征，才能以此判断目标的性质。

1. 形状特征

形状特征指物体的轮廓和细部状况，它最能反映物体的类型，是最重要的识别特征。由于航空像片基本上是以近似垂直摄影的方式取得的，因此航空像片上所反映的物体形状主要是顶部形状。但还存在地面起伏，物体的高度及在像片上的位置，像片是否水平等因素。如果地面平坦，物体不突出地面，而且像片水平，此时像片上的物体影像与实地形状完全一致，可以像地形图那样量取线段长度和角度。

如果地面有起伏，则像点含有投影误差，表现在山坡向着像主点一面，地物轮廓拉长，且高度愈大，变形愈甚；而背着像主点的一面，地面轮廓变窄，甚至出现死角。且同一地物（或山坡）影像在相邻两张像片上的形状出入较大。

高出地面的物体在像片上一般都有变形。根据成像规律，靠近像主点的目标，其影像为顶部形状；其他位置上的物体，除能反映顶部形状外，还能看到侧面形状，而且目标愈高侧面形状愈大，位置愈接近像片边缘，侧面形状愈显著。

普通航空像片上目标的形状，虽受上述因素的影响，但由于多为近似垂直摄影，且比例尺较小，因此目标的影像主要还是反映顶部形状。

2. 大小特征

目标影像的大小，主要取决于目标的实际尺寸，两者之间的关系服从于像片比例尺的大小。因此当求得像片比例尺后，就可按影像计算出目标的实际尺寸，从而识别目标。此外，影像之间的大小差别，也是区分目标的依据。例如，同一张照片上有些房屋、道路的形状相同，但大小、宽窄不一，反映了房屋的作用不同，道路的等级不一。因此大小特征是识别目标的重要依据之一。

像片上的目标影像的大小除取决于目标顶部面积大小之外，还与目标所处的位置和自身高度有关。同样大小的物体，位于山顶的较位于谷地的影像大，因前者在摄影时距飞机上的镜头近，像片比例尺大，而后者与此相反。突出地面的物体，若在像主点附近，则其影像大小为按比例尺缩小的顶部面积；若在其他位置，则由于侧面影像的出现，使其影像变大。

在倾斜照片上，由于受倾斜误差的影响，靠近近景线的影像比例尺大，而靠近远景线一边的影像比例尺小。

3. 色调特征

地面物体呈现各种颜色，反映在黑白的航空像片上则变成了深浅不同的黑白影像，这种黑白层次叫色调。物体的色调取决于自身的颜色、表面亮度、表面结构、季节和胶卷的种类。

在黑白像片上，白色物体的影像呈现白色，黑色物体呈黑色，其他颜色的物体则呈深浅不同的灰色。

物体表面亮度大时，影像色调浅，反之则深。向阳的一面色调浅，背阳的一面色调深。物体表面结构平滑时，由于反射光线的方向一致，若恰好射入镜头，则影像呈白色，否则成为黑色，如河流、湖泊常出现这种情况。对于粗糙表面，如一般地面、耕地等，由于向各个方向上散射光线，故色调均匀地呈现灰色。

此外，季节的变化影响植物的色调，土壤含水量的大小对影像色调也有影响，如夏季拍摄的航空像片，植物生长茂密，色调层次多。而冬季则相反，干河床一般为白色，但雨后摄影则为灰色或深灰色。

4. 阴影特征

高出或凹于地面的物体，在直射光线照射下都会产生阴影。物体的阴影分为本影和射影。本影是物体表面得不到直射光线的阴暗部分，射影是物体投落在地面上的影子。物体的阴影取决于物体的高度、侧面形状、太阳光与地面的交角，以及阴影所投落地表的坡度。因此，利用阴影可以判定顶部影像较小、色调与背景没有显著差别的突出目标，如烟囱、水塔、古塔等；还可识别顶部形状相同或相近，而侧面形状不同的目标。

5. 位置特征

任何物体都不是孤立存在的，总是与周围物体有一定关联。因此，可以利用这个关联，由某一明显地物影像去推测与其相关的影像不清的目标性质，或位置不明确的物体所在。如设置在岔路口上的路标，可由交叉的道路判出；荒漠地区的水井，可根据四周呈辐射状的道路影像判出；田野中的独立房屋，可根据耕地影像判出；窑洞位置可根据洞口空地位置和围墙判出；救援时利用像片判定站立点、目标点的位置，也都应考虑位置特征。利用位置特征有时可以发现隐匿目标，如公路跨越较大的河流，若像片上没有桥梁和渡口设施，则可能建有水下隐桥。

6. 纹形特征

一个非常小的地物，在像片上的构像是难以辨认的，但是大范围的同类矮小地物的集合，则可看作是一个大物体的表面，其在像片上有一定的构像，物体不同则构像不同。这种由一群细小物体在像片上构成的影像花纹叫纹形。

利用纹形可判别地物的性质，如未种植的耕地与长有农作物的田地，森林与草地，针叶林与阔叶林，沙漠、戈壁与小草丘地等的区分，都可通过纹形特征加以辨认。

7. 活动特征

目标活动在像片上构成的各种影像特征，叫活动特征。一般地说，什么样的活动特征，反映着什么样的目标性质。因此，利用活动特征可以帮助发现目标和判定其性质。

上述像片判读的七个识别特征，都只能说明目标的某个方面，故在实施像片判读时，应综合应用、正确分析，还要注意利用其它地形资料与信息，做到正确判断。

（四）地形判读要点

利用航空像片判读地形的目的，在于查清任务地区的地形类别、地形诸要素的具体分布与状况，以便于研究和利用地形，正确地组织、指挥救援，判读的依据是上述识别特征。

1. 居民地判读

居民地在航空像片上一般是房屋顶部影像的集合，呈现大小不同、棱角明显的矩形或其他形状的浅灰色密集或散列式影像。轮廓清晰易判，主要判明其种类、大小、街道和突出建筑物。

（1）城市。主要特征为：分布范围大，房屋密集且多高大建筑物，街道纵横，排列整齐，街区明显，交通便利。①工业区：多位于城市边缘交通方便的地方，范围区划明显，烟囱、水塔较多，房屋因与生产流程和生活设施相适应，故有稀疏与整列式街区之分，且前者房屋大小差别较大，排列不很整齐。②商业区：一般位于市中心，其影像特点是临街房屋高大整齐，多顺街横向排列；而内侧房屋则较低矮零乱，阴影参差不齐。③街道：影像较宽且直伸长远的为主要街道，反之为次要街道或巷道。十字街口、空场周围的高大建筑物可借助立体观察看得非常清楚，还可通过测算求出房屋高度。

（2）集镇与村庄。主要特征为：分布范围不大，房屋矮小零乱，细部多呈方形排列。街道影像狭窄弯曲者，为一般村庄；面积稍大，有一定数量的高大建筑物和整列式街区者，一般为集镇。它们的街道主次，可根据影像、进村道路的等级判定。连接公路的为主要街道，连接其他等级道路的为次要街道。

2. 道路判读

在像片上判读道路，主要是判明道路的位置、等级、质量和附属设施。

（1）铁路。铁路在像片上为线状影像，直伸路段较多，拐弯规则，曲率半径大，呈灰色。一般单线铁路路基宽为 5 m，双线为 10 m。可根据影像宽窄判定单双线；山区可按有、无路线分开路段加以判定。车站的位置可根据岔线分布和车站建筑物判定。被地貌掩盖的铁路路段为隧道，其长度可根据像片比例尺计算。

（2）公路。公路在航空像片上呈宽窄一致的带状影像，丘陵、山地弯曲较多。公路的色调取决于铺面材料：水泥路面呈浅灰色；沥青路面呈灰色，但有时夏季呈黑色；土质路面一般呈浅灰色或白色。由于公路两侧多有行树，因此公路本身的影像常被黑色或浅黑色的行树影像所掩盖，形成浅黑色的带状影像。

（3）乡村路、小路。乡村路、小路在像片上为很窄的线状影像，一般多呈白色或浅灰色，但雪后拍摄的照片，其道路影像呈黑色。

（4）道路的附属建筑物。①桥梁：桥梁在航空像片上具有明显的位置，通常位于道路与河流、水渠、沟谷正交的地方，呈长条状。桥梁的质量可根据道路等级、阴影形状和色调综合分析。铁路桥梁多铁桥，色调深；公路桥梁一般是钢筋混凝土桥，色调浅。乡村路上的桥多由水泥板构成，一旦桥梁被毁后可能建立浮桥，其影像似路堤符号。②路堑、路堤：位于铁路、公路通过地面的凸凹地段。路堑由于窄深，影像呈黑色条状；而路堤则因高出地面为浅灰色条状影像。③渡口、徒涉场：它们在像片上亦有明确的位置，位于道路靠近河岸的尽头而无桥梁的位置上。两岸有码头影像，河面有渡船的是渡口，否则为徒涉场。

3. 水系判读

判读水系主要判明位置、类别、宽度、流向和两岸地形，如图 2-44 所示。

（1）江河。反映在像片上为宽窄不等，顺谷地弯曲延伸的带状或线状影像。由于河水吸收光线较强，因此色调为深灰色或黑色；但当水面反射光恰好射入镜头时，则呈白色影像。河流的高水界明显，可用立体镜判绘，并能区分陡岸与缓岸。河水的流向可根据会合处水涯线的交角或河中滩两端的边线形状判定，锐角指向下游，弧形则指上游；当有防水坝伸入河中时，河中的一端指向下游。荒漠地区干河床较多，像片上呈白色或浅灰色河道影像。

（2）水渠：反映在像片上为宽窄一致的直线或折线影像，色调同河流，分岔处常建有水闸。

（3）湖泊、池塘：为面积水域影像，一般有河流或水渠注入，色调呈黑色或深灰色，但高原区的湖泊冬季结冰，色调呈白色。所以，判读时应注意摄影时间和地区。

（4）拦水坝：拦水坝的位置比较明确，位于江河、山谷狭窄处，上游形成水库，下游与河流或沟渠相接，其在像片上为横跨江河、山谷的带状影像。若坝的两端有道路连接，则兼作桥梁使用。对于落差较大的水坝，通常在坝下有水力发电厂。

（5）沼泽：在像片上形状极不规则，无明显界限，色调较深，一般呈灰色和深灰色，中间杂有许多无规则的斑点和条纹。

图 2-44 航空像片

4. 植被判读

判读植被，主要是判明其种类，即分清森林、果园、农作物、草原及其分布，以确定对救援行动的影响程度。

（1）森林、果园。①森林反映在航空像片上，由许多树冠影像组成，色调深，呈黑色或浅黑色，轮廓明显。阔叶林在树叶茂盛时，纹形呈粗黑点，有毛茸感，阴影呈椭圆形；落叶林呈不规则的灰色状；针叶林的纹形为细点，色调较阔叶林深，阴影呈椭圆形。②果园为排列有序，边线整齐的点状影像。

（2）农作物。对农作物的判读，主要是确定所判范围是否为耕地，是旱田还是水网稻田地。耕地在像片上呈相互毗连的矩形、梯形，山区可能呈月牙形，其色调取决于土壤的颜色、农作物的种类和含水量的大小。旱地一般面积大、田埂规则，而水网稻田地则与此相反。

（3）草原。草原没有规则的形状和界限。牧草茂盛季节色调较深，枯黄季节色调较浅。

5. 地貌判读

地貌判读，主要是判读地貌类型，判定地貌类别，并确定内部地貌元素的位置和形态。

1）地貌类型的判读

（1）平原地貌：由于地面平坦，地表受阳光照射程度相同，因此地表不产生本影。反映在空中像片上的色调均匀，耕地连绵成片，道路弯曲较少。

（2）丘陵地貌：由于地面起伏，地表所受光照度不同，反映在像片上向阳斜面色调浅；背阳斜面色调较深。这种光影明暗使起伏地形在像片上呈现立体感。但因丘陵地起伏不大，两斜面的色调差异不很明显，一般没有较大的阴影。谷地多分割为片状耕地。

（3）山地地貌：由于地面起伏较大，每条山背都有本影甚至射影，故分水线在像片上十分明显，谷大沟深，在像片上呈明显的假立体。山地地貌的山背，由于分水线两侧斜面受阳光照射程度不同，其在像片上的色调深浅不一，起伏越大则色调差别越大；坡度愈陡则阴影愈长，甚至压盖谷地。分水线的弯曲形状和长度，反映了山背的形状与长度。由分水线连续延伸形成的山脊线，反映了山体的走向。山谷的中心线（合水线）因受流水冲刷影响，一般在像片上有干河痕迹，多呈白色弯曲线（带）状，这是区别于分水线的标志。由于合水线多数情况下亦是黑白色调的分界线（有时可能有阴影压盖），故目视单张像片时，有时会看成反立体，应特别注意。山顶是山的最高点，是数条分水线、合水线汇聚之处，在像片上可按此判定山顶位置。

2）地貌类别判定

地貌类别，通常有石灰岩地貌、黄土地貌、沙漠地貌、雪山地貌和火山地貌。它们的成因不同，细貌形态互不一致，判读时应着眼于主要细貌形态的构像特征而判定。

（1）石灰岩地貌：主要表现为石灰岩受雨水溶融形成的峰丛、溶斗等细貌形态。峰丛地石峰挺拔、陡峻、山体不大，犬牙交错，反映在像片上为密集分布的圆形山包，山峰之间凹地狭窄；溶斗地的地面上分布着许多大小不等、深浅不一的溶斗，反映在像片上为许多豆状斑点，深度浅的呈白色。

（2）黄土地貌：主要表现为黄土质地表受流水冲刷而形成的许多大小不一、切割程度不等的冲沟。

（3）雪山地貌：以常年积雪区和冰川影像为主要特征。积雪位于山顶低凹地，像片上为晶莹的白色影像；冰川位于谷地，自上而下呈白色带状影像，末端呈舌状。

（4）火山地貌：主要表现为火山锥。在像片上圆锥形的假立体明显可辨，中间为圆形火山口，整个火山锥的影像似葵花，色调较深，呈深灰色。

（5）沙漠地貌：表现为流沙随风向形成的沙山、沙丘和沙窝地。平沙地在像片上为一片浅灰色或灰色影像，没有特别的形状。而戈壁滩在像片上有较小的点状纹形，干河床较多，呈灰色影像，有的地段还有大小不等，呈白色影像的龟裂地。

四、卫星照片的判读

以人造卫星、宇宙飞船或航天飞机等作运载工具，携带传感器，在几百公里至几万公里的高度上，对地面进行探测而取得的照片，称为卫星照片。随着科学技术的迅猛发展，卫星照片已不是什么新奇的事物，人们在日常工作生活中已开始大量使用。例如 Google

公司的高清晰卫星地图服务 Google Earth 软件，它结合本地搜索和卫星照片，可以让用户看到全球建筑物或地形的三维图像，可随时随地提供卫星照片的服务，3D 图形技术则让用户可以从任意角度浏览到高清晰的地图，并可根据需要随意缩放。

为适应遂行救援任务的需求，可依托网络资源和当地测绘部门查找任务地域卫星照片，进行地形分析与研究，从而为救援指挥提供准确的地形信息。卫星照片与航空像片的判读方法基本一致，不同之处在于卫星照片不使用专用工具即可直接判读，卫星照片在成像方式和视觉上更加直观，照片色彩更加接近实地地形特征，较航空像片更易判读。

思考题

1. 什么是地形图图式？
2. 地物符号的分类有哪些？
3. 地物符号从图形上看有哪些特点？
4. 试总结一下，识别地物符号旁边的文字及数字注记的规律。
5. 等高线显示地貌的原理是什么？
6. 等高线显示地貌有哪些特点？
7. 表示山顶、凹地、鞍部、山谷、山背的等高线各有什么不同特征？
8. 斜面有哪几种？如何在地形图上确定斜面上的防界线？
9. 利用等高线判读地貌应注意哪些问题？
10. 城区图显示地形的特点有哪些？
11. 判读交通图的两项重点内容是什么？
12. 判读航空像片的基本依据有哪些？
13. 判读卫星照片与判读航空像片的不同之处是什么？

第三章 现地对照地形

通过地图与现地对照，可以明确自己所处的现地位置，了解周围地形情况，以确定遂行任务的方向、路线、距离和目标，以及所进行的判读、量算、计划和分析评估等工作。以下介绍现地对照前的地图准备、现地判定方位、现地对照地图与定位，以及制作地形简易沙盘等操作技能。

第一节 现地对照前的地图准备

使用地形图进行现地对照前，应根据任务地点选择适当的地形图，并做好必要的准备工作，为迅速准确地使用地形图打下基础，并提高对照效果。

一、了解地形图

首先对地形图要有全面的了解，逐项阅读图廓外注记和说明，主要是地形图比例尺、坐标网注记、等高距规定、图例、成图方法及测图和出版时间等。从而对该图的可靠程度有个判断，以确定使用该图时是否要参考其他资料。

二、地形图的拼接与折叠

在遂行任务中，我们不仅仅使用单幅地形图，多数情况下会涉及多幅地形图。为方便使用地形图，常将多幅地形图拼接起来。同时为了便于保管、携带，又常将地形图合理地折叠起来，以便于高效率地使用地形图。

（一）地形图的拼接

1. 接图表

接图表是用来表示某一区域内各幅图关系位置的一种图表，用他便于查找地形图，从而便于地形图拼接。

（1）大接图表。表示全国或一个较大区域内各图幅的关系位置的图表。表中绘有经纬线网，每一网格代表一幅图，注有该图的编号。表上还绘有主要城市、江河和道路等。

（2）小接图表。在每幅地形图的左上角或右下角印有九个小格，每一小格代表一幅图。中间一格划有斜线，代表本图幅，其余八格为其相邻的图幅，格中注有相应的图名和图幅编号。

2. 拼接方法

当使用的地形图幅数较多时，其拼接方法如下：

（1）根据接图表注记的相邻图幅名和编号，将各幅地形图按其关系位置排列好。

（2）一般按"上压下、左压右"的顺序，沿内图廓线裁去南图边和东图边，但最右一幅不裁东图边，最下一幅不裁南图边，以保持拼接后地形图有完整的图边。对于已裁去的图边上的某些资料，如偏角图等，需要时，可剪贴在该图的适当位置上，以便于查找相应数据。

（3）拼接时，以主要地物能相互衔接为准。如纵列的图幅少，则从上向下先贴纵列；如横行的图幅少，则从右向左先贴横行。各行（列）贴完后，再将其拼接在一起，如图3－1所示。

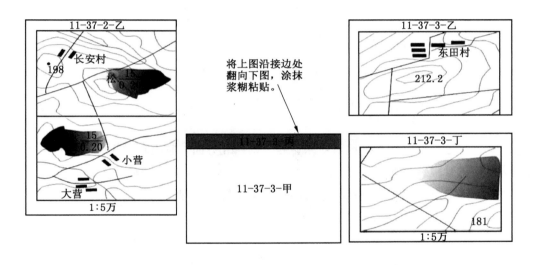

图3－1　拼接地图的顺序

（二）地形图的折叠

1. 多张地形图的折叠

为了便于携带和使用，常将拼接后的地形图加以折叠，并注明使用部分的坐标。其方法是将不使用的部分折向背面，并按图囊大小折成手风琴式，如图3－2所示。

2. 单张地图的折叠

为了便于拣取、拼接和携带，单张地形图也需要加以折叠。通常有两种样式：

第一种：折叠时，先将图面上下相对折叠，露出图名，再将上下折好的地形图平分三折，向后反折，先折右边，再折左边，露出图名。

第二种：折叠时，沿东内图廓和北内图廓线向后反折；再使图面相对，上下对折，然后将上下对折好的地形图平分三折，并使图纸对齐，露出图名，如图3－3所示。

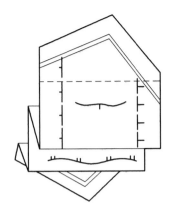

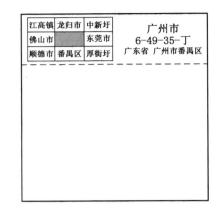

图 3-2　折叠后的地图　　　　　　　　图 3-3　单张地图的折叠

第二节　现地判定方位

现地判定方位，就是在现地辨明东、西、南、北方向。它是现地用图和遂行任务的前提。队伍在进入生疏地区、复杂地形，或者在不良天候、夜间行动时，必须随时判定方位，明确周围地形和灾害事故点与队伍间的关系位置，确保正确的组织指挥。

一、利用指北针判定

判定方位时，将指北针打开放平，待磁针静止后，磁针涂有夜光剂的一端（或黑色尖端）所指的方向，就是现地的磁北方向。使用前，应检查磁针是否灵敏。可用小件钢铁物体扰动磁针的平静，若磁针迅速摆动后仍停在原处，则说明磁针灵敏，可以使用；若磁针转动缓慢，较长时间不能静止，或每次静止后所指分划数之差大于 1°，则说明磁针不灵敏，应进行检修、充磁。

由于磁针容易受电、磁和钢铁物体的影响，使用指北针时应离开高压线和钢铁物体。在磁铁矿区和磁力异常地区，指北针不能使用。

二、利用星座判定

（一）利用北极星判定

北极星是正北天空一颗较亮的恒星，距北天极（地轴所指的方向）约 1°，肉眼看来就在正北方。夜间找到北极星，就找到了正北方向。我国位于北半球，终年的晴朗夜间都可以看到它。

北极星的位置可根据大熊星座或仙后星座寻找，其关系位置如图 3-4 所示。大熊星座的主要亮星有七颗，在北天空排列成"斗"形，像一把有柄的勺子，我国俗称北斗七星，是北半球夜间判定方向的主要依据。大熊星座 B（天旋星）、C（天枢星）两星，叫指极星，将两星的连线由 B 星向 C 星的方向延长，约在两星间隔的五倍处，有一颗较明亮的 A 星，就是北极星，如图 3-5 所示。

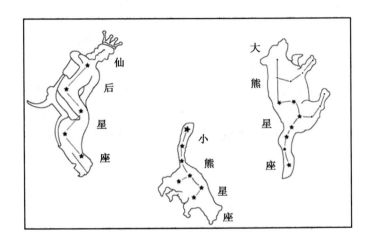

图 3-4 常用星座

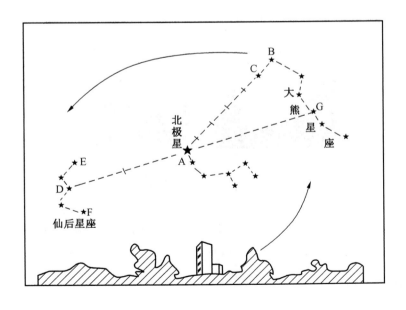

图 3-5 利用北极星判定方位

小熊星座最靠近北天极，也有七颗主要的星排列成斗（或勺）形，与北斗七星很相似，但除北极星外均较暗淡，俗称小北斗，斗柄末端较明亮的 A 星，就是北极星。

仙后星座的主要亮星有五颗，形状像"W"。从中央的 D 星（策星）算起，在缺口方向约为 E 星至 F 星宽度的两倍处，就可以找到北极星。若将大熊星座的 G 星（玉衡星）与仙后星座的 D 星相连，北极星大致在这条连线的中点。

在北纬 40°以北地区，全年可以看到北斗七星和仙后星座，在北纬 40°以南地区，有时只能看到其中的一个星座。

（二）利用南十字星座判定

南十字星座在南天极附近，由四颗明亮的星组成，形状像"十"，我国叫十字架星，是南半球夜间判定方位的主要依据。在北纬 23°以南地区，上半年可利用南十字星判定方位。南十字星座 A、B 两星是南天著名的一等亮星，C 是二等亮星，将 C 与 A 两星的连线沿 C 至 A 方向延长，约为两星间隔的 4.5 倍处，就是南天极，即正南方，如图 3－6 所示。

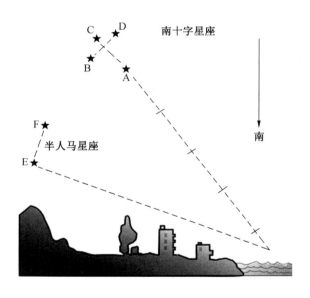

图 3－6　利用南十字星座判定方位

南十字星座东侧的半人马星座 E 与 F 两星都是南天的一等亮星，过 E 作与 E、F 两星连线的垂线，也指向正南方，如图 3－6 所示。

三、利用太阳判定

自古以来，我国人民就有个习惯的说法："日出于东而落于西"，其实，在一年中，太阳真正从正东方升起，从正西方落下的，只有春分（3 月 21 日左右）和秋分（9 月 23 日左右）这两天，其他时间都不是从正东升起正西落下去的。这是因为地球绕着太阳公转的同时本身也自转，且公转轴与自转轴存在一定夹角。大体上可以说：春、秋天太阳出于东方，落于西方；夏天太阳出于东北，落于西北；冬天太阳出于东南，落于西南。根据太阳出没的位置，就能概略地判定方位。

1. 利用太阳和时表判定

一般说来，在当地时间 6 时左右，太阳在东方，12 时在正南方，18 时左右在西方。根据这一规律，便可利用时表和太阳结合起来概略判定方位。判定时，先将手表平放，以表盘中心和时针所指时数（每日以 24 h 计算）折半位置的延长线对向太阳。此时，由表中心通过"12"的方向就是北方。例如，10 时，折半是 5 时，则应以表盘中心与"5"字的延长线对向太阳；若在 14 时 40 分如图 3-7 所示，折半是 7 时 20 分，应以表盘中心与"7"字后两小格处的延长线对向太阳，则"12"字的方向即为北方。为便于判定，可在时数折半的位置竖一细针或细草棍，转动时表，使针影通过表盘中心，这时表盘中心与"12"字的延长线方向即为北方。

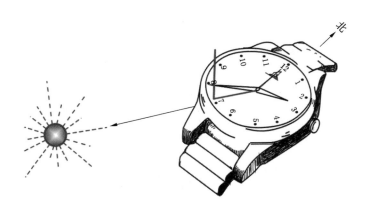

图 3-7　利用太阳和时表判定方位

为什么要把时数折半呢？因为地球自转一周是一昼夜，即 24 h。而手表一昼夜要走两圈才 24 h，正好手表转的圈数比地球多一倍，所以要折半。判定时，应以当地时间为准。我国大部分地区都使用北京时间，即东经 120°的时间（东 8 时区）。由于经度不同，在同一北京标准时间内，各地所见太阳的位置也不同。因此，在远离东经 120°的地区判定方位时，应将北京时间换算为当地时间。

根据地球每小时由西向东转动经度 15°的道理，以东经 120°为准，每向东 15°，其当地时间应是在北京标准时间上加 1 h；每向西 15°，就减去 1 h。如在西藏拉萨（东经 91°），于北京标准时间 12 时判定方位时，那里比东经 120°少 29°，应减去 1 时 56 分，所以当地时间是 10 时 4 分，即以 5 时 2 分处对向太阳，"12"所指方向就是北方。在北回归线（即北纬 23°26′）以南地区，夏季中午时间的太阳偏于天顶以北，不宜采用上述方法。

2. 利用太阳阴影判定

如图3-8所示，选择一平整地面，在地面立一细直长杆，在太阳的照射下就会出现一个影子OA，并将该影子标记在地面上；等待片刻（约10~20 min），再标出影子的新位置OB，然后过两个影子的端点A和B连直线，此直线就是概略的东西方向线。由于太阳东出西落，其影子则沿相反方向移动，因此AB连线后，A端向西，B端向东。根据已知的东西方向线，在其上任选一点作垂线，这条垂线就大体是南北方向线。

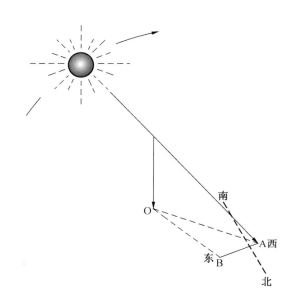

图3-8 利用太阳阴影判定方位

四、利用月亮判定

夜间看不到北极星而能看到月亮时，可以用月亮和时间判定方位，判定方法如下：

1. 月亮趋盈时（右边光亮）

如图3-9所示，判定方法为：

第一步：将月亮整个圆盘直径12等分。

第二步：目测月亮光辉部分占12分之几，则月亮当天下午就几点通过正南方。

第三步：比较当前时间与月亮当天通过正南方的时间，每超过（或未及）1 h，则面对当前月亮位置向左（未及则向右）转动15°即为南方。如图3-9所示，月亮右面光辉部分占12分之4，则月亮当天16时通过正南方。若在20时判定方位，则知月亮已通过正南4个小时，相当于60°，故面对月亮，向左转60°即是正南方。

2. 月亮趋亏时（右边阴暗）

如图3-10所示，判定方法为：

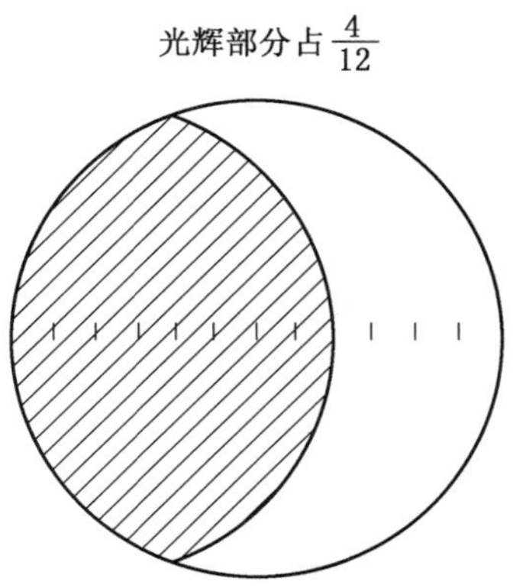

光辉部分占 $\frac{4}{12}$

阴暗部分占 $\frac{2}{12}$

图 3-9 利用月相判定方位（一） 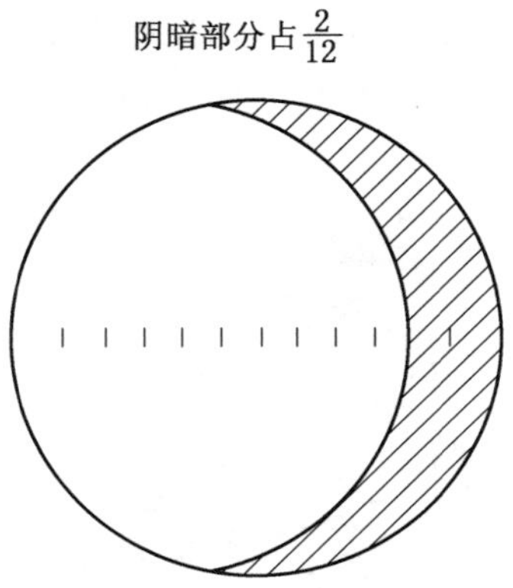　　图 3-10 利用月相判定方位（二）

第一步：将月亮整个圆盘直径 12 等分。

第二步：目测月亮暗影部分占 12 分之几，则月亮当天上午就几点通过正南方。

第三步：比较当前时间与月亮当天通过正南方的时间，每超过（或未及）1 h，则面对当前月亮位置向左（未及则向右）转动 15° 即为南方。如图 3-10 所示，月亮右边暗影部分占 12 分之 2，则知月亮当天 2 点通过正南方，若在 1 点判定方位，则此时月亮差 1 h（相当于 15°）才到正南方，故面向月亮向右转 15° 就是正南方。

依据月亮趋盈（趋亏）的等份数判定它经过正南方时间的理由：

月亮的形状（从地球上看去）每天都不相同。阴历初一看不到月亮，初一到十五月亮逐渐增大，光辉部在右。十五是满月，十五到三十月亮逐渐减小，光辉部在左。

月亮通过正南方的时间，每天也不相同。阴历初一约 12 点通过正南。初一以后，月亮通过正南的时间，一天比一天晚，阴历十五日约 24 点通过正南。

根据以上所述，看不到月亮的那天（初一），月亮通过正南的时间是当天白天中午 12 点，以后月亮的光辉部分逐渐增大，通过正南的时间也逐渐推迟。到满月那天（十五日），是 24 点经过正南。这两次月亮通过正南的时间刚好相差 12 小时。如果把整个月亮圆盘直径 12 等分，则月亮趋盈时，光辉部分占 12 分之几，它通过正南的时间就比 12 点晚几个小时，也即是光辉部分占 12 分之几，就是下午几点通过正南方。

从满月到看不到月亮，月亮的变化是光辉部分逐渐减小，右边的暗影部分逐渐增加，通过正南的时间是从 24 点逐渐推迟到中午 12 点，中间相差也是 12 小时，故把整个月亮圆盘直径 12 等分，月亮的暗影部分占 12 分之几，即是几点通过正南方。

五、利用自然特征判定

有些地物、地貌由于受阳光、气候等自然条件的影响，形成了某种特征，可以利用这些特征来概略判定方位。

独立大树，通常是南面树叶茂密，树皮较光滑；北面枝叶较稀少，树皮粗糙，有时还长青苔。砍伐后，树桩上的年轮，北面间隔小，南面间隔大，如图 3 – 11 所示。

图 3 – 11　利用自然特征判定方位

突出地面的物体，如土堆、土堤、田埂、独立岩石和建筑物等，南面干燥，青草茂密，冬季积雪融化较快；北面潮湿，易生青苔，积雪融化较慢。土坑、沟渠和林中空地则相反。

由于我国幅员广大，土地辽阔，各地都有不同的特征，只要留心观察，注意调查、收集和研究，就会找到判定方向的自然特征。如我国大部地区，尤其是北方，庙宇、宝塔的正门多朝南方；广大农村住房的正门一般也多朝南开。又如内蒙古高原，冬季大多是西北风，山的西北坡积雪较少，东南坡积雪较多，树干多数略向东南倾斜；蒙古包的门一般朝东南。再如辽西丘陵地区气候干燥，松柏树多生长在北坡。

判定方位后，必要时可在北方向远处，选一明显目标作为方位物，以便记忆和指示目标。

第三节　现地对照地图与定位

现地对照地图，确定站立点、目标点在图上的位置，是现地使用地形图的主要内容。

一、标定地图方位

现地标定地图方位，就是使地图的上北、下南、右东、左西方位与实地方位一致，以便于现地使用地图。

1. 概略标定

在已明确实地方位的基础上，将地形图上方对向现地北方，则地图的方位即已概略标定。

2. 用指北针标定

（1）依磁子午线标定。在地图的南、北内图廓线上，各绘有一个小圆圈"o"，并分别注有磁南（或 P）、磁北（或 P′），该两点的连线，就是该图幅的磁子午线。标定时，从右侧使指北针的直尺边切于磁子午线；然后转动地图，使磁针北端对正指标"▲"（或角度盘的"0"分划），地图即已标定，如图 3 – 12 所示。

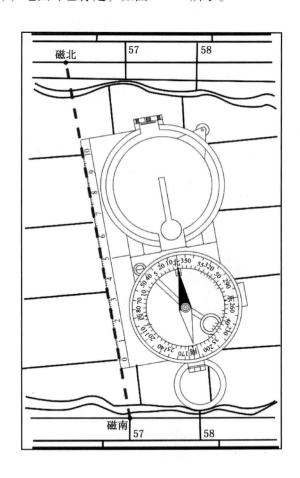

图 3 – 12 依磁子午线标定地图

（2）依坐标纵线标定。先将指北针准星的一端朝向地图上方，使其直尺边切于任一坐标纵线，然后转动地图使磁针北端对准指标"▲"（或角度盘的"0"分划），这时地图已基本标定。如果本图的磁坐偏角大于 40 密位时，则应修正；若是西偏，应转动地图使磁针北端指向指标"▲"以西应修正的密位处；若是东偏，则应使磁针北端指向指标"▲"以东应修正的密位处。此外，还可以依真子午线（即地图的东、西内图廓线）标定，其标定与修正方法，与依坐标纵线的标定方法相同，但修正量应为磁偏角。

由于指北针的精度约为1°（0-17），故当偏角值小于该值时，可以认为磁北、坐标北和真北三者一致而可任意选用，即将指北针直尺边与任一条指北方向线重合，再转动地形图使磁针指零，则地图方位即已标定。

3. 利用直长地物标定

直长地物，是指现地和图上都有的又直又长的物体，如直长的路段、河渠、土堤和电线等。用直长地物标定地图方位时，先在地图上找到与现地相应的这段直长地物符号，将地图放平转动，使图上的直长地物符号与现地直长地物的方向一致，经对照两侧地形，确认无误后，地图方位即已标定，如图3-13所示。

图3-13 利用直长地物标定地图

4. 利用明显地形点标定

明显地形点就是在现地和图上都有的醒目突出的地形点。在使用地图时，可依明显地形点来标定地图。标定时，首先确定站立点在图上的位置；再选一图上和现地都有的远方明显地形点（如山顶、独立地物等）作为目标点；然后将指北针直尺（或三棱尺）的边切于图上站立点和该目标点上，并转动地图，通过照门、准星照准现地目标点，地图即已标定，如图3-14所示。

5. 利用北极星标定

晴夜间，可利用北极星标定地图。标定时，先面向北极星，并使地图上方朝北，然后

图 3 - 14　利用明显地形点标定地图

转动地图，使东（或西）内图廓线（即真子午线）对准北极星，地图即已标定，如图 3 - 15 所示。

图 3 - 15　利用北极星标定地图

二、现地对照地形

现地对照地形，通常是在标定地图和确定站立点的基础上进行的。确定站立点时首先要概略对照地形，而全面详细地对照地形又必须在确定站立点之后实施，实际上两者是交互进行的。

对照地形，就是使地图上各种地物、地貌和现地一一对应，一般包括三重意义：一是现地和图上都有的地形目标要对应找到；二是现地有而图上没有的目标要能确定其在图上的位置；三是图上有而现地没有，应确定出原来的位置。

1. 对照的一般顺序

先对照主要方向，后对照次要方向；先对照明显易辨的地形，后对照一般的地形；先对照图上、现地都有的地形，后对照变化的地形；先对照地物，后对照地貌（地貌明显易辨可先对照地貌，后对照地物）；先由近及远，再由远到近；先实地后图上，再由图上到实地，按一定的方向顺序，以已知导未知，以大导小，由点控制线，由线控制面，分片分段逐次对照。

2. 对照的基本要领

标定地图和确定站立点之后，即可进行地图与现地对照。基本要领可概括为："一标二定是前提，五个条件为依据（方向、距离、高程高差、特征、相互关系），抓住明显地形点，由点到面细分析。"

3. 对照方法

主要根据站立点与目标的方向、距离、特征、高程及目标与其附近地形的关系位置，分析比较，反复验证。对照时，通常采用目估法，必要时可借助于观测器材。当地形重叠不便观察时，应变换对照位置或登高观察对照。

如因地形复杂，图上某些地物、地貌不易判明其现地位置时，可先标定地图，再用指北针直尺（或三棱尺）边切定站立点和目标点，并向现地瞄准，则目标在此方向线上。然后参照站立点与目标点的距离、特征、高程及与其附近地形的关系位置，即可判定该目标的现地位置。反之，如果不易确定现地目标的图上位置时，则应先将指北针直尺（三棱尺）边切定图上站立点的位置，再向现地目标瞄准，然后目测距离，换算为图上长，或根据现地目标的关系位置，沿直尺边在图上进行分析，即可确定目标的图上位置。

（1）对照山地地形时，应先对照主要高地的位置和山脉的基本走向，然后以此为依据，具体对照各个山顶、鞍部、山背、山谷等细部地形。山岭横向重叠时，应根据高差和起伏情况，分析哪些可能看到，哪些看不到。对于可见的山顶、鞍部可根据远近山顶的特征、颜色、植被以及其他地物的关系，分析对照，确定它们的位置。不易辨认时，还可以适当变换站立点的位置对照判定。具体对照的要领归纳为："先抓大山做骨干，以大带小连成串；由近到远分层次，陡缓高低看曲线；抓住地形特征点，关系位置仔细判。"

（2）对照丘陵地时，对照方法与山地基本相同。但因丘陵地山顶浑圆，形状相似，对照的难度一般比山地大。为此，在对照时应以山脊为骨干，抓住山背、山谷与地物特征点及相关位置进行，对等高线的小弯曲要认真仔细分析。如因山脊前后重叠不易分辨，可根据耕地的形状变化，植被的颜色，谷地、居民地的形状大小，以及外露的树冠等特征，进行认真地分析对照，谨防错判、误判。具体对照的要领可归纳为："先抓高丘做骨干，以大带小连成片；由近到远看山脊，层次形状对仔细；顶、背、谷、脊定走向，根据曲线判陡缓。"

（3）对照平坦地形时，可按照点、线、面的顺序进行，通常先对照主要的居民地、道路网、江河等骨干地物和高大突出的建筑物，再根据这些骨干地物的位置和一般地物的分布规律，对照确定其他可供利用的方位物以及细部地形。例如，居民地附近多树木，居民地之间有道路相连，河旁、道旁多行树，道路通过江河有桥梁、渡口或徒涉场等。根据这些地物之间的相互联系和分布规律，即可分析对比确定其位置。

（4）夜间对照时，由于视度不良，观察对照困难，远近不易分清，容易误判等特点，无论对照何种地形，首先应抓住透空可见的高大物体及地貌形态，把握基本方向。还可以利用固定的发光物体及明显地形点，测出其至目标点的方向角，在地图上进行图解、交会，确定其图上的位置。

4. 现地对照应注意的问题

（1）要有比例尺概念。地形图上表示地形的详略程度，取决于地图比例尺的大小。比例尺越大，表示越详尽；比例尺越小，舍弃的细小地形元素越多，在表示上，综合程度也较大，某些地形的细部如小的山头、山背、山谷、河弯等，在图上可能找不到。

（2）注意发展变化。地图测制有一个过程，不可能随时把变化的地形在图上及时地反映出来。因此，现地对照时应根据地形变化规律，仔细分析对照。地形变化的一般规律是：地物变化大，地貌变化小；城市、集镇扩大，分散住户减少；公路、桥梁、水库以及水电设施增多，庙宇、牌坊、土堆、坟地之类的地物减少等。

所以，现地对照地形，必须根据地图比例尺和地形的变化规律，仔细分析，才能得出正确的结论。

三、确定站立点在图上的位置

现地用图需随时确定站立点在图上的位置，以便利用地图了解周围地形。确定站立点的主要方法有：

1. 目估法

利用明显地形点目估确定站立点在图上的位置，是确定站立点最常用的方法。当站立点在明显地形点上时，从图上找出该地形点的符号，即是站立点在图上的位置。如果站立点在明显地形点附近时，可先标定地图，再在图上找到该明显地形点，对照周围地形细部，根据该站立点与明显地形点的关系，即可判定站立点在图上位置，如图 3－16 所示，用图者站在山背上，根据其右侧冲沟和身后山顶的关系，确定站立点在图上的位置。

图 3 - 16　目估法

2. 后方交会法

当站立点附近地形特征不明显，但周围有两个以上图上、现地都有的地形点时，可采用后方交会法确定站立点，如图 3 - 17 所示。

图 3 - 17　后方交会法

其作业步骤是：

（1）精确标定地图。

（2）选择离站立点较远的、图上和现地都有的两至三个明显地形点。

（3）现地交会。将指北针直尺（或三棱尺）边分别切于图上两个地形点符号的定位点上（可插细针）；依次瞄准现地相应的地形点，然后分别沿直尺边向后画方向线；图上两方向线的交点，就是站立点的图上位置。要领归纳为："标定地图选两点，分别描绘方向线；两线相交于一点，交点就是站立点。"

3. 截线法

当站立点在线状地物（如道路、河流、土堤等）上时，可利用截线法确定其图上位置，如图 3 - 18 所示。

图 3 - 18　截线法

其作业步骤是：

（1）精确标定地图。

（2）在线状地物的侧方选择一个图上和现地都有的明显地形点。

（3）进行侧方交会。交会时，先将指北针直尺（或三棱尺）边切于图上相应地形点符号的定位点上（可插细针），再瞄准现地该地形点；然后沿直尺边向后画方向线，该方向线与线状地物符号的交点，就是站立点在图上的位置。

4. 磁方位角交会法

在丛林或不便于直接从图上瞄准目标的地区，确定站立点的图上位置时，可用磁方位角交会法，如图3-19所示。

图3-19　磁方位角交会法

其作业步骤是：

（1）攀登到便于向远方通视的树上，选择图上和现地都有的两个明显地形点，并用指北针分别测出至该两地形点的磁方位角。

（2）在树下附近标定地图。

（3）将所测磁方位角图解在地图上。图解磁方位角时，先将指北针的直尺边，分别依次切于图上被照准的两地形点符号的定位点上；再转动指北针，使磁针北端指向所测的磁方位角分划；然后沿直尺边描画方向线，两方向线的交点，就是站立点的图上位置。

上述（2）、（3）步骤，也可变通为利用地图正文的偏角图，将所测磁方位角先换算成坐标方位角，再在地形图上过两个图上和现地都有的地形点，按相应的坐标方位角图解方向线。两方向线的交点，即为站立点的图上位置。其要领归纳为："登高选择两目标，分别测量方位角；标定地图移角度，尺切符号绘线条；两线相交于一点，图上位置就找到。"

5. 膜片法

当站立点上无法精确标定地图时，可采用膜片法确定站立点的图上位置，如图 3 – 20 所示。

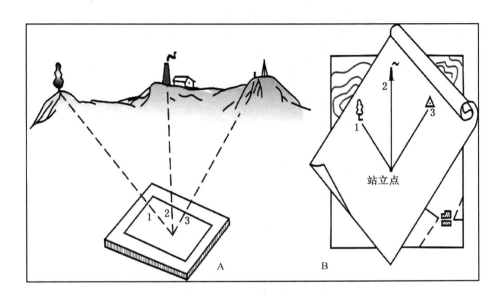

图 3 – 20　膜片法

其作业步骤是：

（1）选择在图上和现地都有的三个以上的明显地形点。

（2）在透明纸上描画方向线。描画时，先将透明纸固定在图板上，并在适当位置插一细针；再以指北针直尺（或三棱尺）边紧靠细针，图板保持不动，依次向三个地形点瞄准，并向前画方向线；然后在各方向线的末端注记相应地形点名称。

（3）取下透明纸，蒙在地图上，并转动透明纸，待各方向线均能通过图上相应地形点符号的定位点时，即将透明纸上的针刺于图上，该点即为站立点的图上位置。

6. 极距法

当便于测量站立点到已知点的距离时，可采用极距法确定站立点的图上位置，如图 3 – 21 所示。

其作业步骤是：

（1）标定地图。

（2）选择一个距离较近，在图上和现地都有的明显地形点。

（3）描画方向线。描画时，先将指北针直尺（或三棱尺）边与图上该地形点符号的定位点相切，向现地明显点瞄准，沿直尺边画方向线（也可测角图解出方向线）。

（4）估测出从站立点到明显地形点的距离，并按比例尺在方向线上定出点，该点即为站立点在图上的位置。

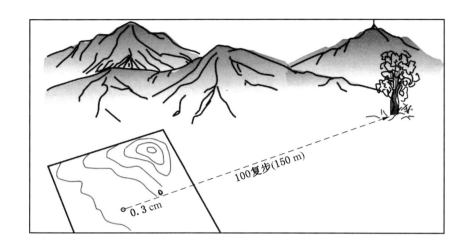

图 3 - 21 极距法

7. 定直线法

当站立点位于两个明显地形点的连线上（图 3 - 22）或延长线上（图 3 - 23），可用定直线法确定站立点的图上位置。

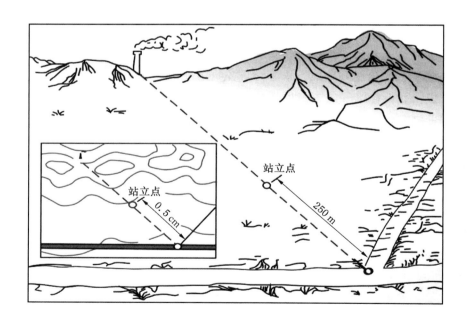

图 3 - 22 定直线法（一）

其作业步骤是：

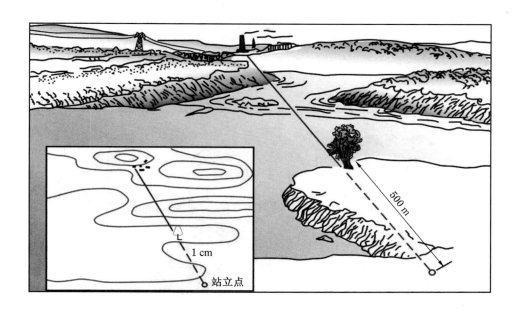

图 3 - 23　定直线法（二）

（1）标定地图。

（2）过图上两明显地形点连直线。

（3）估测出从站立点到最近明显点的距离，并按比例尺在连线上定一点，该点即为站立点在图上的位置。

确定站立点时应注意的问题：

（1）不论采用何种方法确定站立点，均应首先仔细地分析研究站立点周围的地形。选择明显地形点作为已知点时，图上位置一定要找准，防止判错点位、用错目标。

（2）标定地图后，在定点过程中，地图方位不能变动，并应注意检查。

（3）采用交会法时，为提高交会点的准确性，两方向线的交角一般不得小于 30°（5 - 00）或大于 150°（25 - 00）；条件允许时，最好用第三条方向线（或其他方法）进行检查。

四、确定现地目标点在图上的位置

在现地用图中，将新增加的地形目标或灾害事故发生点，准确地测定、标绘在地形图的相应位置上，叫确定目标点。确定目标点的方法如下：

1. 目估法

当目标点在明显地形点上时，从图上找出该明显地形点，即为目标点在图上的位置。

当目标点在明显地形点附近时，应先标定地图，在图上找出该明显地形点，再根据目标与明显地形点的方位、距离和高差等，将目标点目估定于图上，如图 3 - 24 所示，目标（凉亭）位于 145.0 高地与石家庄北无名高地间的鞍部，且在分水线近处缓坡上、小路的前方，根据目标点离分水线和小路的距离，及目标附近地面的倾斜情况，即可目估确定目标点在图上的位置。

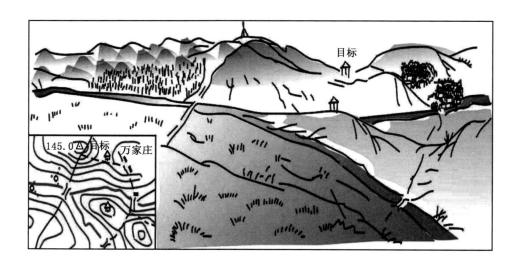

图 3 - 24　目估法

2. 光线法

当目标较多，其附近没有明显地形点时，多采用光线法确定目标点的图上位置，如图 3 - 25 所示。

其方法是：

（1）精确标定地图。

（2）确定站立点在图上的位置。

（3）向目标描画方向线。描画时，先将指北针直尺（三棱尺）边切于图上的站立点（可插细针），再向现地各目标瞄准，并向前画方向线。

（4）目测站立点至目标点距离，并根据距离按地图比例尺在各方向线上截取相应目标的图上位置。不易目测距离时，也可通过分析地形层次，或目标点与附近地形的关系位置，在方向线上目估定出目标点的图上位置。

3. 极距法

利用器材直接测定目标点的方向角和距离，来确定其在图上位置的方法，叫极距法，如图 3 - 26 所示。

其方法是：

（1）在目标区域选一明显地形点（三角标），并用望远镜（或方向盘）等器材测出

图 3 – 25　光线法

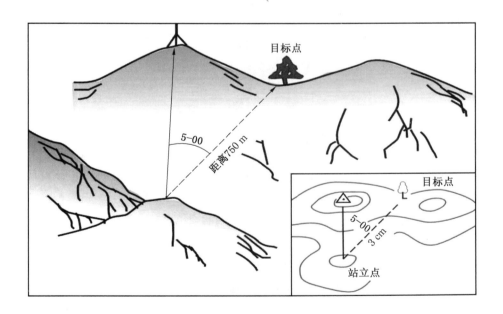

图 3 – 26　极距法

该点至目标点的方向角为 5 – 00。也可不选明显地形点，而直接测出目标点的磁方位角，并换算成坐标方位角。

（2）在图上将站立点和三角点连一直线，并以此直线为准（或坐标纵线），按所测方向角（或坐标方位角）图解画出站立点至目标点的方向线。

（3）测出站立点至目标点距离，并按地图比例尺，在方向线上找出目标点位置。也可根据目标点附近地形位置关系，在方向线上通过分析比较，目估定出目标点在图上位置。

4. 前方交会法

当目标点较远而附近又无明显地形点时，可在两个测站点上用前方交会法，确定目标点在图上的位置，如图3 – 27所示。

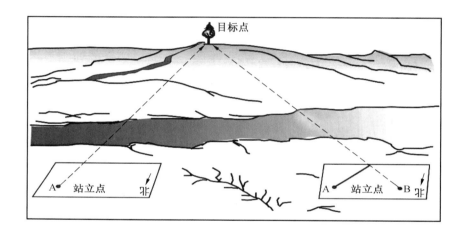

图3 – 27　前方交会法

欲确定交会目标（独立树）在图上的位置时，其方法是：

（1）选定现地与图上都有的二至三个明显地形点，如A、B点作为测站点。

（2）在A点上先标定地图，确定该点图上位置并插一细针；再用指北针直尺（三棱尺）边紧靠细针，向现地独立树瞄准，并向前画方向线。

（3）以同样的方法在B点上描画方向线，两方向线的交点就是目标点（独立树）的图上位置。

5. 截线法

当目标点位于线状物体上时，可在站立点标定地图，以指北针直尺（三棱尺）边切绕图上站立点并照准目标点绘方向线，其与线状物体符号的交点即为目标点的图上位置，如图3 – 28所示。

五、现地介绍地形

指挥人员在组织现地勘察、下达口述战斗命令、组织协同或报告情况之前，为了使部

图 3 - 28　截线法

属或上级了解当面地形和事故灾情，应进行地形介绍。介绍的顺序、内容和方法是：

1. 介绍方位

介绍时，通常只介绍一个方位，如概略南方或概略北方等，其余方位由现场人员自行判断。方法是：在所介绍方位的方向上，选一突出、明显的方位物作参照，尔后面向并手指方位物，告知现场人员相应的方位。如："顺我手指的方向看去，远方独立石向后延伸的方向为概略北方，其余方向自行判定。"

2. 介绍站立点

通常表述站立点的名称及其在图上的位置，如："我们所在的位置为 89 高地东侧无名高地，图上位置是（32，465）。"

3. 介绍任务（观察）区域

通常应根据本级的任务，明确任务区域。必要时，也可介绍地域纵深。如："观察区域左界为村东北 500 m 无名高地，观察区域右界为 187 高地左侧独立房。"

4. 介绍方位物

面向所要介绍的地形，选择 3～5 个特征明显且不易损坏的独立地物或地形点，由近及远，由右至左，手（通常以左手）指口述，逐次、简明、具体地指明目标的方位、特征和名称，必要时对所介绍的方位物按由近及远、由右至左的顺序进行编号。对于难以说明的目标，可借助于指幅和密位指示。如："顺我手指方向看去，右前方 300 m 处有一拦水坝，为 1 号方位物；1 号方位物向左三个指幅，远方位山坡上、其左侧有一块黄土疤的崖壁，为 2 号方位物；2 号方位物向左四个指幅，近方位树木比较茂密、右侧有一口水塘的居民地，为唐下村，其左后侧的居民地为米龙村……"

5. 介绍灾害事故情况

当面若有灾害事故情况时，应结合地形对相关救援情况进行介绍，使现场人员全面了解当面的地形、灾害事故情况，及两者之间的关系。介绍时，要注意讲清救援的方法手段与地形之间的关系，为研究救援战术提供清晰、准确的地形资料。如："今日 15 时左右，因连日降雨诱发 2 号方位物右侧 200 m 往下的山体滑坡，泥石流顺谷而下淤积 1 号方位物，致使水位抬升猛烈，随时危及河道以下唐下村、米龙村民众安全……"

第四节　制作地形简易沙盘

简易沙盘，主要是根据地形图、航空像片或实地地形，按一定的比例尺，用泥沙、泡沫等简便器材堆制而成的地形模型。简易沙盘在消防救援行动中可以直观、形象地反映实地地形，对指挥人员的指挥决策工作具有重要的意义与作用。因此，我们需要熟悉简易沙盘的制作方法，以便更好地为遂行消防救援任务服务。

简易沙盘的特点是取材方便，制作简单、迅速，经济实用，是进行训练和组织指挥协同的一种常用工具。其制作方法如下：

一、准备工作

（一）图上准备

1. 选择地形图

堆制前，应尽可能选择新出版的大比例尺、精度高的地形图，以保证沙盘堆制的准确度，如图 3 - 29 所示。

2. 确定堆制范围

堆制范围一般根据实际需要或上级意图而定。范围确定后，将范围线标在图上。

3. 划方格和编号

将地形图上确定的堆制范围划分成方格并予以编号。方格的大小依要求的精度而定，方格越小，精度越高，但方格太小又不便于作业。方格的边长一般以放大到沙盘上不小于 25 cm 为宜（也可不另划方格，直接利用地形图上的坐标网进行堆制）。方格划好后，再按从上至下（或从下至上），从左至右的顺序进行编号。

4. 选定起算面和控制点

为便于堆积地貌，要在堆制的范围内确定适当（或最低）的等高线，作为沙盘高度的起算面。还要在图上选择和标出能控制地貌基本形态的等高线，并标出主要山顶、鞍部

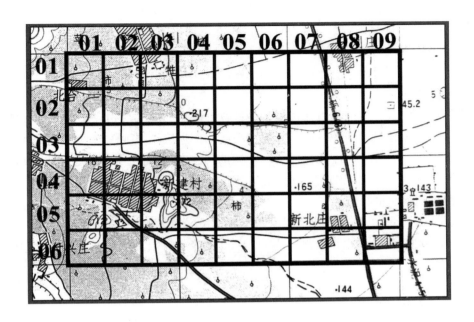

图 3-29 图上准备

以及分水线和合水线等地形点，作为沙盘堆制的控制点。

（二）确定沙盘比例尺

沙盘比例尺包括水平比例尺和高度比例尺。

1. 水平比例尺

沙盘水平比例尺，是沙盘上两点间水平距离与相应实地水平距离之比，即

沙盘水平比例尺＝沙盘上水平距离÷相应实地水平距离

沙盘水平比例尺的大小应根据使用目的、实地范围、场地的大小等条件选定。如研究支队以下分队的行动动作时，比例尺通常大于 1∶1000；研究支队以上队伍的行动时，比例尺通常小于 1∶1000。沙盘水平比例尺确定后，即可根据沙盘制作的区域和水平比例尺计算沙盘的大小。其公式为

沙盘长＝实地长÷水平比例尺分母

沙盘宽＝实地宽÷水平比例尺分母

［例］ 某沙盘的实地范围为：长 4.5 km，宽 3 km，水平比例尺为 1∶1000。则该沙盘长、宽分别为

$$4500 \div 1000 = 4.5 \text{ m}$$

$$3000 \div 1000 = 3 \text{ m}$$

若利用预制的沙盘框，可根据沙盘框的边长和制作沙盘的图上区域，计算沙盘水平比例尺。其公式为

沙盘水平比例尺＝沙盘边长：（图上长×地图比例尺分母）

[**例**] 已知某沙盘框边长为 4.5 m，在 1：5 万地形图上沙盘堆制的区域边长为 9 cm，则该沙盘水平比例尺为

$$4.5 \text{ m}：（9 \text{ cm} \times 50000）= 4.5 \text{ m}：4500 \text{ m} = 1：1000$$

2. 高度比例尺

沙盘高度比例尺，也叫垂直比例尺，是沙盘上某点的高度与相应实地相对于地面的高度之比。为了形象地显示地貌的起伏状况，高度比例尺应根据地貌的起伏程度和水平比例尺的比例关系确定。通常高度比例尺为水平比例尺的 1～5 倍。例如山地，地貌起伏较大，可为水平比例尺的 2～3 倍；丘陵地和平坦地，地貌起伏较小，可为水平比例尺的 3～5 倍。沙盘高度比例尺的公式为

高度比例尺＝水平比例尺×放大倍数

[**例**] 拟堆制沙盘的水平比例尺为 1：1000，现将水平比例尺放大 2 倍，垂直比例尺为

$$\frac{1}{1000} \times 2 = \frac{1}{500}$$

3. 计算各控制点高程

沙盘高度比例尺确定后，根据图上选定的沙盘起算面高程便可算出各控制点（山顶、鞍部等）在沙盘上的高度。其计算公式为

控制点在沙盘上的高度＝（控制点高程－起算面高程）÷高度比例尺分母

[**例**] 某无名高地的高程为 95 m，沙盘起算面高程为 20 m，高度比例尺为 1：500，根据公式，该无名高地在沙盘上的高度为

$$（9500 \text{ cm} - 2000 \text{ cm}）÷ 500 = 15 \text{ cm}$$

（三）器材准备

制作沙盘所使用的器材，应根据使用目的和当时条件选定。一般有沙盘框（没有沙盘框时，可直接在场地上砌制）、细沙、黏土、地物模型、染色锯末、颜料、队标和队号、纸牌、标签、细绳、米尺、铁钉、铁锹、钳子、毛笔及脸盆等工具和器材。

（1）沙盘框：为适应野外条件下迅速制作和拆卸，可事先做成活动式沙盘边框。边框可用白铁皮做成高 15～25 cm、长 50～100 cm 不同规格的铁片，然后用插销连接，如图 3-30 所示。使用时，根据作业地区的大小，可自由拉长或缩短，迅速结合成框。

（2）沙盘高度尺：为使沙盘制作迅速准确，可准备沙盘高度尺，如图 3-31 所示。制作时，以地形图等高距在沙盘上的高度为一刻划，由下而上地刻在木条上，并在最下边一条刻线旁注上最低等高线的高程数，依这条刻线向上推算，凡表示计曲线高程的刻线旁都注记上相应计曲线的高程数。有了沙盘高度尺，就可以用它直接量取某条等高线或某点在沙盘上的高度。

二、堆制过程

堆制简易沙盘，一般按以下顺序进行。

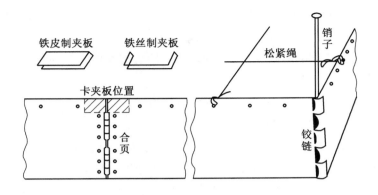

图 3 - 30 活动式沙盘边框

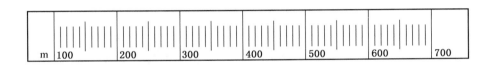

图 3 - 31 沙盘高度尺

1. 整框拉网

（1）整框：将预先制作的沙盘框摆好（没有预制沙盘框时，可用码土垒起或平地下挖 15 ~ 25 cm），沙盘框力求规整、平稳、牢固，并尽量与现地方位一致。

（2）铺沙：在沙盘框内铺上 3 ~ 5 cm 适当湿度（用手抓起，以攥起成团、丢下即散为宜）的沙土，并用木板刮平压紧，作为沙盘起算的基准面（有条件的可在框内铺上厚为 1 cm 的泡沫板）。

（3）拉网：根据图上划分的方格，在沙盘框上用细绳拉上（或在沙面上划出）与其相应的方格网。在拉网前，应先算出沙盘上的方格边长。其计算公式如下

沙盘上的方格边长 = 图上方格长 × 地图比例尺分母 ÷ 沙盘水平比例尺分母

[例] 在 1 : 5 万地形图上，方格边长为 0.5 cm，沙盘水平比例尺为 1 : 1000，根据公式，沙盘上的方格边长为

$$0.5 \, cm \times 50000 \div 1000 = 25 \, cm$$

然后根据求得的沙盘方格长，在沙盘框上钉上钉子，再拉上方格网，并在沙面上（或泡沫板上）划出相应的方格、注明地形图上的相应编号。

2. 堆积地貌

（1）画地貌。依照方格，将地形图上已选定的能控制地貌基本形状的等高线和山顶、鞍部等地貌，画在沙面或泡沫板上。

（2）插标签。将计算好高度的山顶、鞍部等特征点，用标签插在沙盘框内。标签的高度，为该点在沙盘上的高度加上底层沙土的厚度。

如178.5高地在沙盘上的高度是15 cm，底层沙土的厚度为5 cm，那么标签的高度应该是

$$15 \text{ cm} + 5 \text{ cm} = 20 \text{ cm}$$

（3）堆地貌。以标签和等高线为依据，先堆出山顶、鞍部、山背、山脊的概略形状，然后以此为骨架再填充整修细部。若沙盘较大，可分片堆积。堆积时，一般先堆地貌起伏复杂地区，后堆简单地区；先堆进出困难处，后堆进出方便处。堆积中，应随时对照地图，以便能正确显示地貌的起伏状况，并随时将沙土拍实压紧，以免松散变形。

（4）挖水系。就是在堆积好的地貌上，挖出河流和水塘等。挖水系时应依照地形图，看准位置和走向，结合地形挖出。其深度应略低于自然表面，只要形象自然即可。

（5）撒锯末。地貌堆完后，应进行检查和整修。然后，从高到低逐次撒上与地面自然色彩相似的锯末。

3. 设置地物

由于地物种类和数量较多，设置时应根据实际需要进行适当取舍。地物可用立体模型或其他材料表示，设置的方法和顺序是：

（1）水系依照事先在沙盘上挖好的形状，用蓝色锯末撒在里面或用事先染好的蓝色纸条或蓝塑料布等表示。

（2）铁路可用黑色锯末或布条、纸条、线绳表示。

（3）公路、乡村路和小路等，根据等级不同，可用棕色锯末或宽窄不等的棕色布条、纸条、塑料带、线绳表示。

（4）房屋可用制式房屋模型表示，或用泡沫塑料、泥、纸、木块等材料，制成相应的模型表示。

（5）独立地物如桥、亭、水塔、烟囱等，可用泡沫塑料、泥、纸等材料，制成相应模型表示。

（6）树林可用小树枝或蒿草表示。

（7）地物摆设完后，用纸牌书写出居民地、江河、高地等名称和高程注记，并插在相应的位置上。

4. 设置消防救援行动情况

通常根据预定行动方案或训练想定，用制式兵棋或临时制作的队标、队号进行设置。设置时，一般先设任务分界线，而后按先灾情后队情、先前沿后纵深的顺序进行。

5. 整饰

堆制沙盘的主体工作完成后，应根据地形图及有关资料，对地物、地貌和行动构想情况的设置等内容进行详细检查。若发现遗漏、错误的地方，及时加以修正，尽量使沙盘与实际情况相符合。最后，标明沙盘名称、指北箭头和比例尺，清理作业场地。需要时用线

绳拉上坐标网，并在沙盘框边缘适当位置标注相应的坐标值。

思考题

1. 怎样利用月亮判定方位？
2. 怎样利用太阳阴影判定方位？
3. 北极星和北斗星是一回事吗？
4. 什么是地方时？怎样计算？
5. 现地标定地图有哪些方法？
6. 怎样用极距法确定站立点？
7. 怎样用截距法确定站立点？
8. 怎样用定直线法确定站立点？
9. 怎样用截线法确定目标点？
10. 怎样用截距法确定目标点？
11. 什么是地图与现地对照？对照的意义是什么？
12. 如何进行山地对照？应注意些什么问题？
13. 如何进行平原地对照？应注意些什么问题？
14. 如何进行丘陵地对照？应注意些什么问题？
15. 夜间对照有何特点？夜间对照应充分利用哪些条件？
16. 堆制简易沙盘的准备工作主要有哪几部分？堆制过程按什么顺序实施？

第四章　消防救援行动中地形分析与利用

不同地形各有其独特的形态特征、结构和特点，这些因素对消防救援的指挥决策、队伍行动和装备运用、协同行动等有着不同的影响。认识并分析地形的制约方式与影响规律，是研究和利用地形实施各类消防救援行动的前提。

第一节　地形类型及特点

地形作为消防救援行动的载体和依托，是行动开展的舞台。任何消防救援行动计划的拟定和实施，无不依附和受制于地形。平原地形平坦开阔，可为各种技术装备的使用提供良好的条件。而山区地形，尤其是高山深谷，道路稀少，严重影响消防救援力量的运用。指挥人员决策以及制定计划，必须考虑地形的客观实际，以赢得消防救援行动的主动权。

一、地形分类

根据地形的形态特点和不同地形要素的组合状况，对地形所作的同类归并，称为地形分类。对地形作出合理、正确的分类，有利于将千姿百态的地形归纳为有限的类别，从而揭示它们对消防救援指挥、行动和装备运用的规律性影响，以便指挥人员根据地形的不同类别及时准确地作出地形判断，从而在行动中正确地利用、规避或改造地形。

以地貌类型为基础，考虑地貌形态及其所处的海拔，再与其他要素叠加组合而成的分类方法，即为按地形要素及构成分类法。例如，以山地地貌为特征，其主要叠加要素为植被中的森林时则是"山林地形"。表4-1列出了按地形要素及构成分类法概括的我国主要地形类别。

按对消防救援行动产生的特殊制约因素，通常分为高原高寒地形、热带雨林地和亚热带山岳丛林地等，这些地形由于独特的制约因素，往往要根据其特殊性进行有针对性的研究和适应。

二、各类地形特点

地形诸要素的不同结合，形成的地形类别有不同特点，对消防救援行动有着不同的影响。

1. 山地地形特点

表4-1 按地形要素及构成分类

地貌	分类	综合 （居民地、道路、水系、植被、土质）	居民地 （含道路）	水系	植被	土质
平原	平原地形	低平原：海拔<900 m	居民地地形 （平原） 城市地形	水网地形沼泽地形	草原地形	沙漠戈壁地形
		中平原：海拔900~3500 m				
		高平原：海拔3500~5000 m				
丘陵	丘陵地形	低丘陵：海拔<900 m	居民地地形 （丘陵）	海岸带地形	丘陵地形/密林	黄土丘陵地形 石灰岩丘陵地形
		中丘陵：海拔900~3500 m				
		高丘陵：海拔3500~5000 m				
山地	山地地形	低山地：海拔<900 m			山林地形	
		中山地：海拔900~3500 m				
		高山地：海拔3500~5000 m				
		极高山地：海拔5000 m以上				

山地地形是指在山地地貌上相对均衡分布其他地形要素的一种地形。地貌起伏显著，群山交错连绵，山高坡陡谷深，其间形成一些盆地；居民地小而疏，多分布在谷地和山间盆地；道路稀少，铁路、公路更缺乏，且弯曲多、曲率半径小，穿过鞍部时多形成隘口，主要道路为乡村路、小路，多依谷而行；河流湍急、河床狭窄、岸陡，河底多石，雨天易暴涨洪水；树木一般较少。

山地地形按不同地理位置，其地形特点也有差异。沿海山地，海拔低，气候温和，居民地和道路网较密；高海拔山地，空气稀薄，气候寒冷，多雪山，人烟稀少，交通极为不便；高纬度山地，山顶浑圆，坡面较缓，谷宽，河少；低纬度山地，山顶较尖，坡陡谷窄，多溪流。

山地地形在结构上呈现如下特点：山脉脊线脉络连贯突出，山岭、支脊纵横相连，其间环抱着许多盆地，居民地坐落于盆地之中，道路穿谷越岭，以沟谷通道将诸盆地相连。

2. 丘陵地形特点

地面起伏较缓，比高通常在200 m以下的高地叫丘陵。许多丘陵错综相连的地区叫丘陵地。丘陵地形是指在丘陵地貌上相对均衡地分布着其他地形要素的一种地形。按地理条件的不同，分为北方丘陵地形和南方丘陵地形。

（1）北方丘陵地形：高地相对独立，山顶浑圆，谷宽岭低，坡度较缓，多为黄土质，山谷为耕地或梯田。居民地多依丘傍谷，分布较密。道路依谷分布，交通便利，但高等级公路较少。河流较少，河道弯曲。树木多集中在居民地内外。

（2）南方丘陵地形：山丘顶尖坡陡，山背狭窄，谷地多是稻田。居民地散居在山坡山脚。道路多为山村小路，溪流较多。山丘上树木、茶林、竹林生长较密。

丘陵地形在结构上呈现如下特点：山岭脊线脉络不连贯，居民地坐落于丘谷交错的宽坦谷地，道路依谷呈网状，河流顺谷汇成河系。

3. 平原地形特点

地面平坦开阔，海拔通常在200 m以下的地区叫平原。平原地形是指在平原地貌上相对均衡地分布着其他地形要素的一种地形。按地理条件的不同，分为北方平原地形和南方平原地形。

（1）北方平原：地势平坦开阔，起伏和缓，多为耕地，间有小的岗丘、垄岗，高差一般在50 m以下。居民地多集中分布，房屋大部为砖瓦结构，并分布有较多的大、中城市。道路成网，四通八达，集镇之间有公路相通，村与村之间有大车道相连。江河、湖泊较少，水量变化大，雨季河水较深，枯水季节河水较浅，河床宽阔，两岸多堤岸。耕地多为旱田，夏季高秆作物生长茂盛，冬季农作物矮稀。

（2）南方平原：地形平坦开阔，除公路外，乡村路窄而弯曲，且多桥梁。江河、湖泊遍布，沟渠纵横。耕地大部为水稻田。村镇小而分散，建筑不甚坚固，地下水位高。

平原地形在结构上呈现如下特点：以城市为中心，县镇为拱托，村庄散布其间；铁路、公路为干线，其他道路补充构网；江河、运河绕居民地而过的平坦沃野景观。

4. 水网地形特点

水网地形主要是指以平坦地貌和密布的水体构成的一种地形。

在平坦的地面上，江河、沟渠纵横交错、相互贯通，多数河流可通行船只，水上交通发达。河渠宽窄不一，河岸较陡，河底多淤泥，一般每平方公里有3~5条河溪，沟渠在10条以上，地面被分割成大小不等的块状水域。湖泊、池塘星罗棋布。耕地多稻田，地下水位较高，故又称此地形为水网稻田地。稻田灌水季节，积水5~10 cm，泥深10~20 cm，田埂高多在30 cm以上。居民地小而密，多为散列式分布，位于河渠、公路两侧，屋基较高，质量不坚，村落四周竹树丛生。较大的城镇常是交通枢纽或水利工程所在地。道路分布不匀，村与村之间多沿堤埂以小径相连。公路数量不多，多沿江河堤岸修筑，桥、涵较密，载重量多在10 t左右。树木不多，但居民地外围、道路两侧及田埂上多长有树木。

水网地形在结构上呈现如下特点：遍布水体的地面上，江河是地形的骨架，主要道路沿堤岸分布，在江河（或道路）交汇点，形成具有水陆交通枢纽意义的居民地。

5. 城市居民地地形特点

以非农业人口为主，有一定规模的工业、商业、交通运输业聚集的较大房屋建筑区域，叫城市。以其为中心，包括四周卫星城镇与瞰制地形的广大地域，称为城市居民地地形。

该地形以广泛分布的密集房屋建筑为主要特征。在分布上以大、中城市为核心，以卫星城市为拱托，四周分布着高密度的集镇与村庄。连接大城市的主要交通线两侧居民地密集，甚至毗连成狭长居民地。建筑物的分布格局与地貌相关，平坦地上多为网格状或辐射状，街区较为规则；丘陵地貌上则多为沿谷地分布成不规则的条带形。建筑风格与历史发展有关，老城区房屋低矮、密集，多为砖木结构，街道狭窄；新市区房屋排列规则，高楼耸立，比较坚固。现代化公寓和经贸中心，多为高层建筑群；文教科研单位，多以墙垣相围构成较独立的居住区，房屋相对稀疏、风格不一。工厂多位于城市外围，其生活区房屋排列规则、较密；生产区房屋较疏，大小、排列按生产流程配置。市内街道密集，纵横构网，交通便利，贯通城市并连接外部公路的主干道，宽度多在 60 m 以上；联系各功能区的次干道，宽度在 30 m 左右；一般街道、巷道则与其间隔分布。地铁、人防工程和排水系统等地下设施，多沿干道修建。市区多为平原或丘陵形态，后者形成山城，多位于川谷交汇处；城市外围，则有可能被山地环抱。树木分布较少，主要集中于公园、名胜古迹地、居民地外围、道路两侧。河渠多经修整，堤岸堆砌整齐。城市统一供水。通信、输电线路密集。各种生产与生活设施建筑物较多，自然条件好，经济发达。

城市居民地地形在结构上呈现如下特点：大、中城市为核心，卫星城镇为拱托，连接它们的道路形成密集网络。对城市本身，密集的房屋建筑为其分布特征，街道是其骨架，它既是划分街区的依据，又是将诸街区联系为有机整体的纽带；外围城镇和高地形成城市的屏障。

6. 山林地形特点

山林地形，是以山地地貌和森林为主导要素结合成的一种地形。按地理条件的不同，分为南方山林地形和北方山林地形。

（1）南方山林地形，又叫热带山岳丛林地形。山高脊窄，坡陡谷深，大小支脉蜿蜒曲折，多数为土质山，少数为石质山，自然洞穴相对较多。树林茂密，多为常绿阔叶林，林内藤蔓缠绕，灌木杂草丛生。河溪较多，河道弯曲，岸陡河窄，多沙、石底质，雨季和雨后，急流涌泻，不易徒涉。居民地疏而小，多位于谷旁。道路稀少且质量差，公路多沿山脚、河流一侧绕行，路面狭窄，桥涵较多，曲率半径较小；村与村之间多以崎岖小路相连。

（2）北方山林地形，山岭一般宽阔，山顶浑圆，谷地宽展。森林多松、杨，林内长有灌木、高草。土壤腐殖层较厚，下面多为不渗水岩层，多出现沼泽。河溪较多，河岸较缓，底质多沙砾。居民地相对集中，多分布在谷旁阳坡；公路较少，多为乡村路，雨季泥泞难行。

山林地形的结构特点，除群山密布森林外，其他与山地地形相同。

7. 石林地形特点

石灰岩受水溶蚀，形成石峰交错林立的丘陵地貌，以其为主导要素构成的地形，叫石林地形，也叫石灰岩丘陵地形。

地面起伏不大，岩峰挺拔林立，尖峭陡峻。岩峰按其相连状况，分为峰林地、孤峰地。岩峰一般高 50～200 m，坡度 60°以上，陡峻者在 80°以上。石峰上无土壤，草木稀少，岩石裸露，裂隙纵横，雨水下渗，形成溶斗、溶洞，平均每峰 $1\sim2$ 个，多者数十个，洞内多有暗河、暗湖、钟乳石等，洞内面积一般在 $100\ m^2$ 以上，大者可达数千平方米。降雨后，雨水多汇集在山谷暗河中，成为储量丰富、水质优良的地下水源。岩峰之间常围成封闭式的微洼平地，当地群众称为勐或坝，多为耕地，并分布有稀疏居民地，房舍简陋。原始地貌的沟谷，经溶蚀发育成宽阔平坦的槽型谷地，宽数百米至数公里，底部平坦，其间常有河流纵贯，边缘仍由岩峰围峙，谷坡陡峭，居民地多沿槽谷分布，主要道路依谷修筑。

石林地形在结构上呈现如下特点：广布峰林、孤峰的地区，宽阔、长远的槽谷是其骨架，城镇和连接它们的道路沿槽谷分布。

8. 黄土丘陵地形特点

黄土丘陵地形，是以黄土质的丘陵地貌为主导要素而形成的地形。地面覆盖有很厚的黄土层，经暂时性水流的侵蚀，形成坡壁陡峭、延伸较远、宽窄不一的树枝状或羽毛状的破碎沟壑地貌，沟间部分形成塬、梁、峁形态。

（1）黄土塬：地面平坦，面积数十至数百平方公里不等，塬面边缘清晰，坡折明显，四周为沟环绕，冲沟很多。

（2）黄土梁：是由两条以上平行的沟谷把黄土地面切割成长条状的高地，宽度较小，一般为几米至几百米，长度可达几公里，顶部平坦，梁坡陡峭，冲沟很多，水土流失严重。梁与梁之间的沟谷，宽、深一般都在百米左右，壁陡难攀。

（3）黄土峁：是一种个体相对独立的黄土山丘，峁的平面轮廓为圆形或椭圆形，顶部呈明显的馒头状，由顶部向下四周呈凸形斜面，面坡上多放射状冲沟。梁和峁通常联结、混杂共生，沟谷纵横，构成千沟万壑的黄土丘陵景观。

黄土丘陵地形，公路主要在河谷、干沟中穿行，黄土塬地区则在塬上；简易公路，晴天浮土较厚，雨天道路泥泞，难于通行；乡村路沿梁盘绕，横越沟谷的道路很少。沟壑多，水源缺乏，夏季暴雨时，易发生山洪。黄土丘陵多梯田，塬上多耕地。居民地较少，一般都在沟底（黄土塬地区在塬上），多为窑洞，顺沟而筑。气候干燥，物产不丰富，冬春两季常刮大风，黄土飞扬，通视不良，植被稀少。

黄土丘陵地形在结构上呈现如下特点：在沟壑密布的丘陵地貌中，宽阔长远的沟谷是其骨架，主要城镇和连接它们的公路沿谷底分布，沟谷交汇处的城镇多具交通枢纽作用。

9. 海岸与岛屿地形

海岸，指海洋与陆地相互接触和相互作用的狭长地带。包括海岸线两侧的陆上部分和水下部分，其上界为潮水激浪时所能达到的部位，下界为波浪所能作用到的海底处。岛屿是散列于海洋、江、湖中的陆地。大的叫岛，小的叫屿，通称岛屿。

依性质的不同，海岸主要分为泥质海岸、岩石海岸和沙质海岸。泥质海岸一般与濒海平原相连，岸线平直，岸坡徐缓，海滩正面宽、纵深大，多为淤泥，近海无岛屿作屏障，近陆无高地作依托，无突入海面的岬角。岩石海岸，一般由山地延伸入海而成。外侧海域多岛屿，内侧多与山地相连，海滩纵深短浅，遍布滩石，岸线曲折，岸坡陡峭，港湾岬角较多。沙质海岸，多由丘陵地延伸入海而成。外侧海域有岛屿，内侧与丘陵地相连。深水线距海岸较近，海滩纵深较短，底质较硬，岸坡徐缓，湾口开阔。

岛屿分为大陆岛和海洋岛。大陆岛离大陆较近，地形起伏较大，有的基岩裸露、无林缺水；有的树林茂密、灌木丛生。岛上居民地稀疏，道路较少，物资补给困难；有些小岛缺少淡水而靠大陆运送。岛屿按排列形式分为孤岛、列岛和群岛。一般海岸曲折，海湾小，锚地多。海洋岛远离大陆，由造礁珊瑚形成珊瑚岛，或由海底火山爆发而形成火山岛。珊瑚礁岛地势平坦，面积较小，我国的礁岛一般不超过 $2\ km^2$。海拔较低，多为 $3 \sim 4$ 米。环状珊瑚礁所包围的较大水域，多构成有缺口的泻湖，是船艇避风的良好锚地。珊瑚礁岛的外围多为礁盘拱托，由珊瑚骨骼等物质胶结而成的盘面如针峰直立难以足履，吃水较深的船艇难以靠近。礁盘面积大，向外延伸远者达数公里，近者在百米左右。礁盘边缘陡峭，致使外缘水深骤变，缺乏淡水。

10. 沙漠戈壁地形特点

沙漠戈壁地形，是以土质中的沙砾覆盖广阔地表而构成的一种特殊地形。它是干旱的气候条件造成的。

在干旱、巨大温差和风力等因素作用下，大量沙砾产生并覆盖广阔地表，形成范围较大的平沙地、沙丘、沙山和沙窝地；在山岭地区形成戈壁滩、戈壁丘陵和戈壁山地。此种地形水系要素很不充分，因此植被稀少、居民地少见、道路缺乏。但也分布有一定的河流、湖泊和水源，并赖以形成了"绿洲"，有较密的植被和一定的居民地。在地形结构上呈如下特点：以较长的道路干线穿过茫茫沙漠、戈壁，打通"绿洲"之间的相互联系。

11. 草原、沼泽地形特点

以生长繁茂草类和一些灌木为主要景观的地形，为草原地形。以大范围沼泽为表征的地形，为沼泽地形。

草原地形，地面平坦或略有起伏，荒草、牧草丛生，间有灌木丛，高大树木稀少，夏季牧草繁茂，冬、春草木枯黄；居民地稀少，多蒙古包或分散的房屋建筑，在主要道路交会处可能形成小村镇；道路较少，多放牧路或大车道；水源不足，主要靠井水或部分地面积水生活，个别地方有河流和湖泊。

第二节　地　形　分　析

研究消防救援行动区域的地形类别和分布特点，判断地形对消防救援行动影响的过程，称为地形分析。分析的目的，是为定下与实际地形相吻合的消防救援行动提供依据，保证在行动中"趋利避害"。地形分析是现代条件下组织指挥消防救援行动不可缺少的经常性工作，了解地形分析的基本原则，熟悉地形分析的内容，掌握地形分析的方法步骤，是指挥人员和战训助理必须具备的基本素质。

一、地形分析的基本依据

地形分析的基本依据是灾害事故情况和参战的消防救援队伍情况（我方情况、任务、上级意图、编制装备等）。

（1）灾害事故情况：包括发生的时间、地点、人员伤亡和财产损失现状、发展趋势等简要情况，它是有针对性分析地形的着眼点。在灾害事故发生的地形上，着眼队伍行动需要，查地利、弃地弊，这也是研究地形的出发点和落脚点。

（2）我方情况：包括任务、上级意图和编制装备等。

（3）任务：任务的性质，决定了分析地形的侧重点，不同性质的任务，对地形条件有不同的要求。重点研究本级任务地域，辅助分析友邻任务地域，以便于相互协同。

（4）上级意图：是指导地形分析的主线。主、次消防救援行动方向的确定，对重要地形的选择、利用或规避，都必须符合上级意图。只有这样，才能在整体上保证上级行动意图的实现。

（5）编制装备：既是部署消防救援力量的依据，又受制于地形条件。

二、地形分析的基本原则

1. 整体分析影响

地形分析要从整体出发，以保证施救力量密切协同为前提。既分析现场地形对各消防救援队伍的行动影响，又要从协同行动的角度，综合分析是否有利于整体消防救援协同。分析地形对消防救援行动的影响，既要单要素分析，又要从它们相互关联和制约的角度，从整体上综合分析。同时，不同性质的消防救援行动任务对地形条件有不同的要求，要依指挥层次、任务性质和行动方式，把握分析重点。

2. 辩证联系地分析

事物的内部结构与外部联系，决定其性质和作用。分析地形的类型，要从诸地形要素之间的相互关联、结构特征去分析。判定地形对消防救援行动的影响要与天候季节相联系，防止片面性。例如雨雪天及其后的一段时间里，越野机动或沿土质路面机动，都很困难。北方的江河，雨季河水暴涨，可能冲毁道路、桥梁，变通为阻；冬季河面结冰，桥梁、渡口的作用降低，变阻为通。平原在冬春季节视野开阔，利于观察；在夏秋季节农作物茂密，视界受限。分析地形要客观，既要站在己方的立场上，更要从灾害事故发生发展的角度，分析地形的利弊和可能的利用方式，不能一厢情愿。

3. 注意发展变化

地形是不断变化的。因此，任何地形资料都存在与实地不完全一致的问题。特别是地形图的成图周期长，跟不上实地的发展变化。但相对而言，其中的地貌、江河、湖泊和大面积森林变化较小，而居民地、道路网和某些独立地物变化较快。所以分析利用地形时，应注意这种发展变化，必要时辅以勘察。

科学技术的发展，将使新式器材装备不断出现。注意依据其技术战术性能，分析地形的制约因素和规律，并进行相应的地形分析，不要停留在对原有装备的分析上。

三、地形分析的方法

地形分析的方法有直接分析和间接分析两种。直接分析是指挥人员受领任务后，为了解现场地形特点和判定地形是否适宜遂行消防救援任务，在现地勘察过程中实施的地形分析；或在定下初步决心后，为进一步核实、修正决心，在现地对灾害事故现场地形所作的校勘性地形分析。这种分析地形的方法真实、直观，但范围和时间受限。间接分析是通过各种地形资料和沙盘，在识别灾害事故现场地形的基础上，分析地形对消防救援行动的影响，判定可采取的部署与行动。这种分析地形的方法最基本也最常用。

1. 现地勘察

现地勘察地形是指挥人员和战训助理研究地形最基本的方法。在现地可以真实地了解地形状况，判断其对消防救援行动的影响，使自己的决心符合客观实际，实施正确的组织指挥。在条件允许时，现地勘察可多次进行，如受时间限制，也应重点进行。为便于现地勘察和分析地形情况，可结合地图和航空像片对照研究。

2. 利用地图研究

利用地图研究地形是一种常用的方法，通常在现地勘察前或不易进行现地勘察时采用。地形图是地形的缩写，能较准确、详细地显示地形的起伏状态，居民地、道路、水系分布，森林、土壤的种类，桥梁的质量、载重量，以及各种辅助消防救援行动的独立地物。同时还可以在图上量取距离、坐标、方位角、面积，判定高程、高差和坡度等。利用地图研究地形，不受灾情、天候和时间的限制。在现代条件下消防救援行动中情况多变，应随时利用地图研究地形，以实施不间断的指挥。

3. 利用沙盘研究

沙盘能形象地显示实地的高低起伏状态，展示灾害现状、救援力量和装备器材配置情况。利用沙盘研究地形直观形象，能给人以明确的立体感。沙盘既是平时进行消防救援行动方案推演的有益平台，又是实时研究和判断地形、灾情，定下决心、组织协同和直前摆练的良好工具。

4. 利用屏幕显示系统研究

由于电子技术的应用，可以将地形图（航空图、遥感图）等地形资料或视讯设备摄录信息及时转播到指挥所屏幕，以便直接观察现场地形、灾害事故情况变化和消防救援行动进展，这样可以快速提供指挥人员定下决心所需要的地形与灾情资料。

5. 利用电子计算机研究

利用电子计算机研究地形是一种最便捷高效的方法。它的工作过程是首先将地形图或其他地形资料因地转换为数字模型，研究时按一定的计算程序，通过计算机的自动处理，即可获得利用、改造地形的最佳方案。

此外，还可以根据辖区内军事单位收录的兵要地志或向当地政府有关部门和人民群众进行调查等方法获得有关的地形资料。

四、地形分析的步骤

地形分析通常按以下步骤组织实施。

1. 资料准备

通常选用近期出版的1：5万或更大比例尺的地形图。通过图廓外说明注记，了解等高距、成图方法和时间，以及地形符号所表示的地物，判明地图的精度和可能的发展变化。如果有地形录像资料、近期摄影的航空或遥感相片或侦察相片，亦应同时准备。

2. 确定分析范围

在概略阅读地图的基础上，依上级明确的任务、编成和灾害现场大小，在图上标出分析地形的范围。对本级任务区的翼侧、友邻接合部及完成任务相关的地形也应研究。

3. 修正地形信息，标绘消防救援行动目标

将近期获取的航空或遥感相片与地形图对照，修改图上变化了的地形信息，提高其现势性；将已掌握的灾情标绘在图上，供有针对性地分析。

4. 分析实施

从识别地形、判定灾害事故现场地形的类型入手，在总体上判定地势的升降方向和现场地形的结构特征，明确对当前消防救援行动的总体影响；再对各单要素和地形单元进行具体分析，明确对当前队伍部署的利弊所在，然后结合上级意图、任务及队伍编制装备等，反复分析比较，最后判断出科学的部署和行动。

五、地形分析报告的拟写

对地形进行分析后，要拟写地形分析报告，以文字、图表和要图的形式，简要地阐明地形概况，及对消防救援行动的影响，消防救援可能采取的部署与行动，以及利用、改造地形的建议。文字记述式地形分析报告的主要内容，总体上分为以下四个方面：

1. 基本情况

按先灾害事故现场、后消防救援队伍的顺序，叙述消防救援行动任务的背景情况，主要写清灾害事故现状、趋势和消防救援队伍的主要任务。

2. 地形概况

首先从总体上拟写任务地域内地形的属性、基本走向、制高点及各类地物分布情况的分析结论。尔后重点拟写地形各要素对消防救援行动中的指挥、观察、机动、施救、通信联络等方面所产生的影响，必要时可叙述利用或改造的意见建议。

3. 对消防救援行动现场地形的分析及情况判断

主要分析判断在消防救援行动的任务地域内，相关地形要素对灾害事故的现状及发展走向等的具体影响，对达成任务目标可能造成的不利因素等。

4. 对消防救援队伍目前所处地形的分析及决心建议

主要内容有：消防救援队伍所处地域内的地形状况；相关地形要素对力量配置及行动的具体影响；针对地形状况应当确定的决心及采取的主要战法；依据决心和战法应当确定的力量部署与配置等。

第三节　利用地形实施行进

行进，是队伍沿指定路线有组织的移动。按时间分，有昼间行进、夜间行进和昼夜兼程；按方法分，有徒步行进、乘车（摩托化）行进和两者结合的行进；按行进时速和每日行程分，有常速和急速。其中，常速行进时，徒步每日行程 30～40 km，平均时速 4～5 km；乘车每日行程 300～500 km，平均时速昼间为 50～80 km，夜间为 40～60 km。急速行进，则是以最快的速度实施行进，时速和每日行程均大于常速行进。

灾害事故的发生通常较为突然，消防救援队伍受领任务紧急，实施行进的准备时间短促，保障工作艰巨，情况复杂多变。各级指挥人员在组织行进时，必须抓紧时间、简化程序，并预有多种方案，以充分利用沿线地形特点，趋利避害，按时到达预定地点。

一、队伍行进的实施要领

在遂行消防救援行动时，队伍必须按照首长下达的命令，沿地图上选定的路线行进，并不断地通过地图与现地对照以保持行进方向。行进实施中，根据路线上的地形状况，可区分为沿道路行进、按方位角行进和越野行进等方式。不论行进时机和行进方式如何，各级在实施行进前都应充分做好图上准备。准备工作越充分、越细致，完成任务的把握就越大。

（一）沿道路行进的实施要领

1. 沿道路行进的图上准备

队伍沿道路行进前的图上准备，可概括为"一选、二标、三量算、四熟记"。

（1）"一选"即选择行进路线。行进路线，是首长根据受领的任务、灾害事故情况、地形和队伍装备等状况，结合作战助理决心建议，在图上选出的行进最佳路线。选择时，应着重考虑和研究路线上与行动有关的地形因素，如地貌起伏、沿线居民地、森林地、山垭口以及桥梁、渡口和徒涉场的状况。如有险情顾虑时，更应注意研究道路两侧地形的起伏与避险情况、可能利用的有利地形等。组织大批次队伍行进时，还应根据队伍的行进长径选择平行路，以便分路行进。为便于行进中掌握方向，在路线选定后，还应在沿线选定明显突出、不易变化的目标作为方位物，如行进路线上的转弯点、岔路口、桥梁、居民地的出入口、城市中的广场和突出建筑物，以及沿线两侧的高地等。

（2）"二标"即在图上标绘行进路线。标绘行进路线和方位物，就是作战助理将首长决心选定的行进路线（起点、转折点和终点）和方位物，用彩色笔醒目地标绘于图上，并按行进方向顺序进行编号，以便行进中对照检查。必要时也可专门调制行进路线略图。

（3）"三量算"即量取里程和计算时间。行进前的准备工作中，作战助理应在图上量取行进路线上各段里程和计算行进时间，并注记在图上或工作手册上。若行进路线上地貌起伏较大时，还应当将图上量得的水平距离，按不同的坡度改正为实地距离。为了便于掌握行进速度和时间，需要时可将改正后的各段距离，根据预定行进速度换算为行进时间。

（4）"四熟记"即熟记行进路线。各分队指挥人员要熟记行进路线。一般按行进的顺序，把每段的里程、行进时间、经过的居民地、两侧方位物和地貌特征，特别是道路的转弯处、岔路口、居民地进出口附近的方位物及地形特征等都记在脑子里，力求做到胸中有图、未到先知。

2. 徒步沿道路行进

队伍徒步沿道路行进，应把握以下基本环节与要领：

（1）在出发点上，先标定地图，对照地形，判定出发点的位置，明确行进的道路和方向，然后记时出发。

（2）在行进中，应根据记忆，边走边回忆，边走边对照，随时明确站立点的图上位置，随时清楚已走过的里程，随时明确前方将要通过的方位物和将到达的位置等，力求做到"人在路上走，心在图中移"。

（3）在经过岔路口、道路转弯点、居民地进出口时，应及时对照现地地形，明确站立点的图上位置，以保持正确的行进方向。

（4）当现地地形变化与地图不一致时，应采用多种方法，仔细对照地貌，全面分析地形的变化和关系位置，然后准确地判定站立点的位置和行进方向。做到有疑不走，有矛盾不走，方向不明不走。搞准方向，消除疑虑和矛盾后再继续走。

（5）当发现走错了路时，应立即对照地形，回忆走过的路程，判明从什么地方错的，偏离原定路线有多远，根据情况决定另选迂回路线或返回原路。回到正确路线后，再继续前进。

（6）夜间行进由于视度不良，应多找点、勤对照，对照点应选高大、透空、发光的物体（如行进道路近旁的高大建筑物，透空可见的山顶、鞍部等）。还可根据流水声、蛙声、人畜声和灯光等判断行进的位置与方向。

3. 乘车沿道路行进

队伍乘车行进具有速度快、方向转换多、观察地形粗略等特点，实施要领如下：

（1）选择路线时，应仔细研究道路通行情况，路面质量的变化、桥梁的载重量、渡口的摆渡能力等。方位物应多选择道路两侧大而明显的突出目标，并预备迂回路线。地图应按行进的顺序依次叠放，以便沿途取用、对照。

（2）随时标定地图。由于实地道路弯曲，行车方向变换多。因此，要使图上的行进路线与现地的道路方向保持一致，就必须经常转动地图，做到"图、路成一线，车转图也转，方向正相反"，以使图上的行进路线与现地行进的道路始终一致。例如，行进的车辆向右转时，手中地图必须向左转。

（3）逐个对照方位物。由于车速快，车辆颠簸，方位物一闪而过，地图与现地对照容易忽略。因此，在行进中，对沿路的居民地、桥梁、转弯点、岔路口和沿路两侧突出目标等，要高度集中精力，不间断地逐个提前对照，做到"人在车中坐，心在车前行"。

（4）掌握行车里程和速度。出发时要记下时间和汽车里程表上的里程数，行进中随时根据里程表上的数字和行进时间，对照事先在图上量算好的各段距离和时间，以便判定车子在图上的位置。

（5）遇到岔路口、转弯处，提前给司机打招呼，同时车速放慢，以便能仔细对照，确认前进方向。无把握时还要停车辨认，直至现地对照无疑后，再继续行进。

（二）按方位角行进

按方位角行进，是沿道路行进的一种辅助方式。它是利用指北针，按照图上预先测好的磁方位角保持行进方向的方式。通常在缺少方位物的沙漠、草原和森林等无道路地区，或在夜间、浓雾、风雪等视度不良天候下经常采用的行进方式。

1. 按方位角行进的图上准备

采取此种行进方式前的图上准备工作，主要有以下四项：

（1）选路线。将起点和终点连一直线，在连线两侧或一侧按选线条件确定合适的方位物，将各方位物用线段连接起来，就是行进路线。选定中间的方位物，要根据任务、灾害事故情况、地形等条件选定，一般选择的两个方位物间应是距离近、障碍少、起伏小、便于行进，且方位物本身要明显、突出、易识别。各段间距一般在 1 km 左右，平原地区可稍远一些，山区和夜间行进则应近些。

（2）测角度。即用指北针分别在地图上测出各段路线的磁方位角数值。在图上量读磁方位角时，先用指北针标定地图，再使指北针有准星的一端朝前进方向，直尺边与两转弯点的连线重合，磁针静止后，其北端所指的密位数即为该段路线的磁方位角。此要领可归纳为："地图标定好，尺切两符号，磁针静止后，读出方位角"。如图 4-1 所示，土堆至刘村的磁方位角为 5-00。依次按上述的方法，测定并标注出图上各段的磁方位角。

（3）量距离。用直尺在地图上，分别量出各转换点间的实地距离。当地面起伏较大时要适当增加修正量。为了行进中便于掌握距离，需把距离（米数）换算成复步数。换算公式为：复步数 = 实地距离（米数）÷复步长（1.5 m）。若两点间距离较长，可采用计算时间的方法，计算公式为：行进时间 = 实地距离÷行进速度（昼 70 m/min、夜 50 m/min）。

（4）绘略图。即将行进路线图直接在地形图上标绘，也可以单独绘略图。单独绘略图的方法是：先根据地形图上各点的关系位置，按一定比例转绘到一张白纸上，其关系位置概略相符；然后按行进顺序用红笔套圈、编号并标绘前进方向矢标；最后将行进资料（磁方位角、距离）注记在各段路线之间，字头一律朝向图上方，如图 4-2 所示。

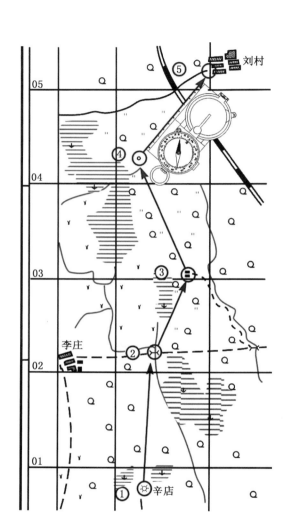

图 4－1　量测磁方位角和距离

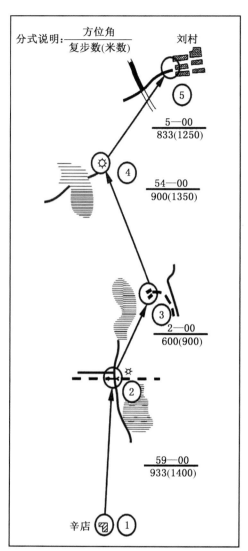

图 4－2　按磁方位角行进略图

2. 按方位角行进的实施要领

队伍按方位角行进的实施要领，主要集中在以下四个方面：

（1）在出发点上。在出发点上，依据行进资料在现地找到出发点的准确位置，查明到达下一点的磁方位角、复步数、时间和方位物；手持指北针，转动身体，使磁针北端指向下一点的方位角密位数，这时沿照门至准星方向就是前进的方向。在行进方向上找第二点的方位物，如看不见，可在该方向线上选择辅助方位物。然后即按此方向行进。行进时，通常是越野照直行进，也可记准方向，选择便于通过的道路走到该点。

（2）在行进中。要随时根据地图或记忆对照地形，用指北针检查行进方向，记清走过的复步数或行进时间。到辅助方位物后，如仍看不到第二点方位物时，则按原磁方位角再选一辅助方位物，继续前进，直至到达第二点为止。若在起伏较大的地段上行进时，要注意调整步幅。

（3）在转弯点上。当快到达第二点时，应特别注意附近地形特征；当走完预定距离，未见到第二点方位物时，可在以这段距离的十分之一为半径的范围内寻找。如仍寻找不到，应仔细分析原因，弄清是地形有了变化，还是方向、距离出了差错，或者利用反方位角向第一点瞄准，进行检查。到达第二点方位物后，仍按出发点的要领，再向下一点前进。依此要领逐段前进，直到终点。

（4）行进中如果遇到障碍物，应根据不同情况采取不同的办法通过。对能通视的障碍，可沿行进方向在障碍地段的对面选一辅助方位物，然后找一迂回路线绕过障碍地段，但应将该段的距离加在已走过的距离内，到达辅助方位物后继续按原方向前进。遇到不能通视的障碍地段时，可采取走平行四边形的方法绕过（亦应将该段距离数加到已走过的距离内），然后按原方向继续前进，如图4-3所示。

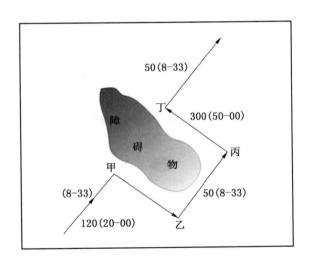

图4-3 绕行障碍地段

（三）越野行进的实施要领

在道路稀少地区（如沙漠、草原等），或因任务需要，不能沿道路行进时，队伍常采用越野行进。越野行进时，因为地面起伏不平，障碍多，容易偏离方向，所以多采用按地图与方位角相结合的方式行进。行进时应注意以下三点：

（1）行进路线应选择在方位物较多的地形上，特别是转折点及其附近应有明显的方位物，以利于对照检查，保持正确的行进方向。

（2）在起点和各转弯点上都要仔细标定地图，明确行进方向和下一点方位物。或按预先测定的各段磁方位角，瞄准行进方向，找到下一点方位物，选择便于通行的地形前进；如不能直接看到前面的方位物，应选择辅助方位物，这样逐段按方位物方向行进，直到终点。

（3）行进中，要勤对照，多分析，随时判定站立点的图上位置，这在复杂地形上行进尤为重要。如果发现走错了方向，应停止前进，查明原因，重新确定站立点的图上位置，尽量选择近道插到原方向上，不得已时可原路返回，再按正确方向继续前进。

二、特殊地形条件下行进的注意事项

1. 山地行进时

组织山地行进时，应根据山地的地形特点和首长意图，重点注意以下事项：

（1）预先准备通过山涧、河川、上下陡坡的器材，组织改造急转弯和陡坡等危险地段，并设防滑护拦和明显标志。

（2）在狭窄的地方、急转弯处和山垭口，应派出调整哨，规定单向行驶的措施。

（3）在危险路段，为保障侧方安全，应派出侧方瞭望哨，监视行进道路两侧险情。

2. 沙漠、戈壁、草原地行进时

各级应根据沙漠、戈壁、草原地的地形特点，建议首长采取相应措施，保障队伍安全、迅速地行进。重点注意事项如下：

（1）加强对行进路线和水源的勘察，设置必要的路标；根据行进路线上的水源、燃料情况，确定每日的行程和大休息、宿营地点。

（2）正确规定队伍行进的方位角和标示行进路线的方法。行进中，应特别注意准确掌握行进方向。

（3）采取防寒、防暑和防风沙的措施；加大粮、水的携行量，并规定用水标准；必要时，应开设供水、加油站（点）。

3. 高寒地区行进时

在高寒地区行进时，应按照首长指示，针对特点，采取相应措施。主要注意事项有：

（1）加强防冻保暖措施，做好装备器材和车辆在低温条件下工作的准备。

（2）行进途中，通常不组织大休息，适当增加小休息次数，缩短每次休息的时间。

（3）雪地行进时，应加强道路勘察和运动保障，构筑绕过天然障碍的迂回路；采取防滑、防雪崩和防雪盲的措施，严格要求队伍切实执行冰雪道路驾驶的操作规程，并加强戒备。

4. 水网稻田地行进时

根据水网稻田地的特点和首长指示，重点注意以下事项：

（1）加强对道路的勘察和保障，特别注意对桥梁、渡口的保障。

（2）规定队伍携带一定数量的木材、干草等就便材料，并采取防滑、防陷措施。

（3）向各纵队、各梯队派出通行能力较强的拖车，并向难行路段派出牵引车，以便及时拖出被陷车辆，保障队伍快速行进。

5. **热带山岳丛林地行进时**

在热带山岳丛林地行进时，需要根据其特点和首长指示，着力抓好以下事项：

（1）加强对行进路线的勘察、道路保障和技术保障。行进中应准确掌握行进方向，设置路标。

（2）采取防暑、防虫害和防火措施，尽可能利用早、晚行进或组织夜间行进，途中应多设供水站。

（3）雨季行进时，应采取防洪、防滑、防塌方和雷击的措施。

三、行进期间现地宿营的组织与实施

宿营，是为了使队伍在行进期间得到休息和整顿，以便继续行进或做好救援行动准备，通常采取露营、舍营或两者相结合的方法宿营。对于宿营地域的选择，指挥人员应根据灾害事故情况、地形、任务而定，应有适当的地幅和良好的地形，能够疏散配置队伍，便于紧急避险，有充足的水源和燃料，有便于车辆进出的道路，并应避开有疫情的地区。

（一）组织队伍宿营时的主要工作

1. **确定宿营部署，进行宿营准备**

指挥人员根据首长意图，认真选择宿营地域，确定宿营部署。各级的宿营部署都应符合相对疏散、便于迅速转入行进和救援的要求。通常在图上预先选定，在行进命令中明确。只要情况允许，即应派出先遣队或设营队进行现地勘察和区分宿营地域，进行宿营准备。

先遣队或设营队到达预定宿营地域后，应现地勘察划分各分队的宿营地域，选择区分指挥观察所、通信枢纽和保障分队的具体配置地点；调查宿营地域的社会、卫生情况；查明水源、水质情况，并分配水源，组织水源警戒。

2. **组织指导队伍宿营**

到达宿营地域后，指挥人员应迅速运用各种手段，进一步了解灾害事故情况、我情、友邻和宿营地域的情况，及时向首长报告，并提出组织队伍宿营、加强救援准备的建议。首长定下决心后，应及时给分队下达宿营命令，重点明确灾害事故情况、部署、任务和保障措施。露营时，还应下达补充指示，具体明确露营的方法、管理和警戒等措施。

指挥人员在组织指导队伍宿营时，还应做好以下工作：组织各分队在设营（先遣）人员引导下，迅速进入指定的宿营地域；选择和规定紧急集合场；建立通信联络；组织构筑必要的避险防护工事和修筑、维护道路；组织调整勤务和警戒；组织查哨、查铺；加强伙食管理和卫生管理，并抓紧时间组织队伍休息。

3. **组织宿营保障**

（1）组织勘察。队伍宿营时，指挥人员应立即向有险情顾虑和尔后行动的方向上派出勘察分队，查明情况，为保障宿营安全和继续执行任务准备所需资料。组织勘察时，应

明确分队、任务、方法和避险措施。

（2）组织警戒。宿营时，指挥人员应根据首长指示，向可能受险情威胁的方向上派出宿营警戒。各分队要加强自身的直接警戒，严格控制不必要的人员、车辆行动。组织警戒时，应明确担任警戒的分队、任务，发现险情的报知方法和处置措施，警戒换班的程序和方法等。

4. 检查了解和报告队伍宿营情况

队伍宿营后，指挥人员应迅速检查了解以下情况：各分队的人员、车辆是否到达指定的宿营位置；装备器材有无损坏、丢失；宿营部署和各种保障；灾害事故动态及驻地情况等。在掌握情况的基础上，应迅速拟制宿营报告并向上级呈送。内容主要包括行进情况、宿营情况、灾害事故动态、当前工作安排和有关事项等，并附宿营部署图。

（二）特殊地形条件下宿营的注意事项

队伍在山地、沙漠、戈壁、草原、高寒地区和热带山岳丛林地等特殊地形条件下宿营时，指挥人员应根据首长指示，除做好上述工作外，还应针对其特点，采取相应的措施，周密地组织队伍宿营。

1. 山林地宿营

指挥人员应将宿营地域选在道路两侧的山谷和森林中有水源的地方，避免在可能发生山洪、山崩、雪崩的地方宿营；加强山垭口和重要桥梁、隘路、道路交叉点的警戒，并采取林草防火措施。

2. 沙漠、戈壁、草原地宿营

指挥人员应将宿营地域选在靠近水源的地方；采取防风暴、防流沙和防火灾的措施；注意节约用水和节约燃料。有条件时，可采用蒸馏的方法从苦咸湖水中取水。

3. 高寒地区宿营

指挥人员应将宿营地域选在既避风又有燃料的地方，并采取防冻保暖和防雪盲的措施；时间许可时，人员应尽量挖洞（窖），给车辆搭设棚子；有条件时，应利用居民地宿营，如房舍不足可组织各分队轮流进入房舍取暖，并做好装备、车辆和器材在低温条件下工作的准备；给警戒分队配备便于在冰雪地上行动的运输工具和滑雪器材。

4. 热带山岳丛林地宿营

指挥人员应采取防暑、防虫害的措施；雨季还应采取防山洪、防塌方和防雷击的措施；为了预防林火，应组织队伍构筑防火道，并制定防火方案，指定专门担负救护和灭火任务的分队，配备必要的防火器材和救护工具。

思考题

1. 什么是地貌与土质？它们对消防救援行动有什么影响？

2. 道路影响消防救援行动的因素和规律是什么？

3. 植被对消防救援行动的影响有哪些?

4. 简述各类地形的特点。

5. 地形分析的依据和原则是什么?

6. 地形分析的方法有哪些?

7. 队伍行进前的图上准备工作有哪些?

第五章 卫星导航系统与电子地图简介

卫星导航系统是一种星基无线电导航系统，利用卫星导航系统提供的位置、速度及时间等信息，完成对各种信息化指挥操作平台和卫星导航行进目标的定位、导航、监测和管理。

现代条件下的社会发展与经济建设，要求提供广泛的地形信息，既包括地面诸地形元素的分布形态、质量状况和其他与人类社会活动相关联的信息，还包括空间重力场和地下设施信息等。在表示方法上，既要能满足目视判读，又要保证导航识别。为适应社会日益智能化的需要，地形信息要能快速传输和生成相应图像，由此产生了电子地图。

第一节 北斗卫星导航系统及用户机使用

北斗卫星导航系统（BeiDou Navigation Satellite System，简称BDS）是中国自行研制的全球卫星导航系统，也是继美国的GPS、俄罗斯的GLONASS之后第三个成熟的卫星导航系统。北斗卫星导航系统（BDS）和美国GPS、俄罗斯GLONASS、欧盟GALILEO是联合国卫星导航委员会已认定的卫星导航产品供应商。

北斗卫星导航系统由空间段、地面段和用户段三部分组成，可在全球范围内全天候、全天时为各类用户提供高精度、高可靠定位、导航、授时服务，并具短报文通信能力，已经初步具备区域导航、定位和授时能力，定位精度为分米、厘米级别，测速精度0.2 m/s，授时精度10 ns。北斗卫星导航系统示意图如图5-1所示。

图5-1 北斗卫星导航系统示意图

一、系统概况

北斗卫星导航系统（以下简称北斗系统）是中国着眼于国家安全和经济社会发展需要，自主建设、独立运行的卫星导航系统，是为全球用户提供全天候、全天时、高精度的定位、导航和授时服务的国家重要空间基础设施。

随着北斗系统建设和服务能力的发展，相关产品已广泛应用于交通运输、海洋渔业、水文监测、气象预报、测绘地理信息、森林防火、通信时统、电力调度、救灾减灾、应急搜救等领域，逐步渗透到人类社会生产和人们生活的方方面面，为全球经济和社会发展注入新的活力。

卫星导航系统是全球性公共资源，多系统兼容与互操作已成为发展趋势。中国始终秉持和践行"中国的北斗，世界的北斗"的发展理念，积极推进北斗系统的国际合作，与其他卫星导航系统携手，与各个国家、地区和国际组织一起，共同推动全球卫星导航事业发展，让北斗系统更好地服务全球、造福人类。

1. 发展目标

建设世界一流的卫星导航系统，满足国家安全与经济社会发展需求，为全球用户提供连续、稳定、可靠的服务；发展北斗产业，服务经济社会发展和民生改善；深化国际合作，共享卫星导航发展成果，提高全球卫星导航系统的综合应用效益。

2. 建设原则

（1）自主。坚持自主建设、发展和运行北斗系统，具备向全球用户独立提供卫星导航服务的能力。

（2）开放。免费提供公开的卫星导航服务，鼓励开展全方位、多层次、高水平的国际交流与合作。

（3）兼容。提倡与其他卫星导航系统开展兼容与互操作，鼓励国际交流与合作，致力于为用户提供更好的服务。

（4）渐进。分步骤推进北斗系统建设，持续提升北斗系统服务性能，不断推动卫星导航产业全面、协调和可持续发展。

3. 发展历程

中国高度重视北斗系统的建设发展，自20世纪80年代开始探索适合国情的卫星导航系统发展道路，形成了"三步走"发展战略（图5-2）：

图5-2 北斗系统示意图

第一步，建设北斗一号系统。1994年，启动北斗一号系统工程建设；2000年，发射

2 颗地球静止轨道卫星，建成系统并投入使用，采用有源定位体制，为中国用户提供定位、授时、广域差分和短报文通信服务；2003 年发射第 3 颗地球静止轨道卫星，进一步增强系统性能。

第二步，建设北斗二号系统。2004 年，启动北斗二号系统工程建设；2012 年年底，完成 14 颗卫星（5 颗地球静止轨道卫星、5 颗倾斜地球同步轨道卫星和 4 颗中圆地球轨道卫星）发射组网。北斗二号系统在兼容北斗一号系统技术体制的基础上，增加无源定位体制，为亚太地区用户提供定位、测速、授时和短报文通信服务。

第三步，建设北斗三号系统。2009 年，启动北斗三号系统建设；2018 年年底，完成 19 颗卫星发射组网，完成基本系统建设，向全球提供服务；到 2020 年 6 月 23 日，在西昌卫星发射中心成功发射北斗系统第五十五颗导航卫星，即北斗三号最后一颗全球组网卫星。至此北斗三号全球卫星导航系统星座部署比原计划提前半年全面完成，全面建成北斗三号系统。北斗三号系统继承了北斗有源服务和无源服务两种技术体制，能够为全球用户提供基本导航（定位、测速、授时）、全球短报文通信、国际搜救服务，中国及周边地区用户还可享有区域短报文通信、星基增强、精密单点定位等服务。到 2035 年，我国将建设完善更加泛在、更加融合、更加智能的综合时空体系，进一步提升时空信息服务能力，为人类走得更深更远做出中国贡献。

4. 基本组成

北斗系统由空间段、地面段和用户段三部分组成。

（1）空间段。由若干地球静止轨道卫星、倾斜地球同步轨道卫星和中圆地球轨道卫星组成。这三种轨道卫星组成的混合星座，与其他卫星导航系统相比高轨卫星更多，抗遮挡能力强，尤其低纬度地区性能特点更为明显。

（2）地面段。包括主控站、时间同步/注入站和监测站等若干地面站，以及星间链路运行管理设施。

（3）用户段。包括北斗及兼容其他卫星导航系统的芯片、模块、天线等基础产品，以及终端设备、应用系统与应用服务等。

另外，北斗系统采用北斗坐标系（BDCS），坐标系定义符合国际地球自转服务组织（IERS）规范，采用 2000 国家大地坐标系（CGCS2000）的参考椭球参数，对准于最新的国际地球参考框架（ITRF），每年更新一次。

5. 基本功能

北斗系统建成后，通过持续提升服务性能、扩展服务功能、增强连续稳定运行能力，为全球用户提供以下服务功能：

（1）基本导航服务。为全球用户提供服务，空间信号精度将优于 0.5 m；全球定位精度将优于 10 m，测速精度优于 0.2 m/s，授时精度优于 20 ns；亚太地区定位精度将优于 5 m，测速精度优于 0.1 m/s，授时精度优于 10 ns，整体性能大幅提升。

（2）短报文通信服务。中国及周边地区短报文通信服务的服务容量提高 10 倍，用户机发射功率降低到原来的1/10，单次通信能力为1000汉字（14000比特），而全球短报文通信服务，单次通信能力仅为40汉字（560比特）。

（3）星基增强服务。按照国际民航组织标准，服务中国及周边地区用户，支持单频及双频多星座两种增强服务模式，满足国际民航组织相关性能要求。

（4）国际搜救服务。按照国际海事组织及国际搜索和救援卫星系统标准，服务全球用户。与其他卫星导航系统共同组成全球中轨搜救系统，同时提供返向链路，极大地提升搜救效率和能力。

（5）精密单点定位服务。服务中国及周边地区用户，具备动态分米级、静态厘米级的精密定位服务能力。

二、北斗系统的应用

中国积极培育北斗系统的应用开发，打造由基础产品、应用终端、应用系统和运营服务构成的产业链，持续加强北斗产业保障、推进和创新体系建设，不断改善产业环境，扩大应用规模，实现融合发展，提升卫星导航产业的经济和社会效益。

1. 基础产品及设施

北斗基础产品已实现自主可控，国产北斗芯片、模块等关键技术全面突破，性能指标与国际同类产品相当。多款北斗芯片实现规模化应用，工艺水平达到28 nm。截至2018年11月，国产北斗导航型芯片、模块等基础产品销量已突破7000万片，国产高精度板卡和天线销量分别占国内市场份额的30%和90%。

建设北斗地基增强系统。截至2018年12月，在中国范围内已建成2300余个北斗地基增强系统基准站，在交通运输、地震预报、气象测报、国土测绘、国土资源、科学研究与教育等多个领域为用户提供基本服务，提供米级、分米级、厘米级的定位导航和后处理毫米级的精密定位服务。

北斗系统提供服务以来，已在交通运输、农林渔业、水文监测、气象测报、通信时统、电力调度、救灾减灾、公共安全等领域得到广泛应用，融入国家核心基础设施，产生了显著的经济效益和社会效益。

（1）交通运输方面。北斗系统广泛应用于重点运输过程监控、公路基础设施安全监控、港口高精度实时定位调度监控等领域。截至2018年12月，国内超过600万辆营运车辆、3万辆邮政和快递车辆，36个中心城市约8万辆公交车、3200余座内河导航设施、2900余座海上导航设施已应用北斗系统，建成全球最大的营运车辆动态监管系统，有效提升了监控管理效率和道路运输安全水平。据统计，2011年至2017年间，中国道路运输重特大事故发生起数和死亡失踪人数均下降了50%。

（2）农林渔业方面。基于北斗的农机作业监管平台实现农机远程管理与精准作业，服务农机设备超过5万台，精细农业产量提高5%，农机油耗节约10%。定位与短报文通信功能在森林防火等应用中发挥了突出作用，为渔业管理部门提供船位监控、紧急救援、信息发布、渔船出入港管理等服务，全国 7 万余只渔船和执法船安装了北斗终端，累计救助 1 万余人。

（3）水文监测方面。成功应用于多山地域水文测报信息的实时传输，提高灾情预报的准确性，为制定防洪抗旱调度方案提供重要支持。

（4）气象测报方面。研制一系列气象测报型北斗终端设备，形成系统应用解决方案，提高了国内高空气象探空系统的观测精度、自动化水平和应急观测能力。

（5）通信时统方面。突破光纤拉远等关键技术，研制出一体化卫星授时系统，开展北斗双向授时应用。

（6）电力调度方面。开展基于北斗系统的电力时间同步应用，为电力事故分析、电力预警系统、保护系统等高精度时间应用创造了条件。

（7）救灾减灾方面。基于北斗系统的导航、定位、短报文通信功能，提供实时救灾指挥调度、应急通信、灾情信息快速上报与共享等服务，显著提高了灾害救援的快速反应能力和决策能力。

（8）公共安全方面。全国 40 余万部警用终端联入警用位置服务平台。北斗系统在亚太经济合作组织会议、二十国集团峰会等重大活动安保中发挥了重要作用。

2. 大众服务

北斗系统大众服务发展前景广阔。基于北斗的导航服务已被电子商务、移动智能终端制造、位置服务等厂商采用，广泛进入中国大众消费、共享经济和民生领域，深刻改变着人们的生产生活方式。

（1）电子商务领域。国内多家电子商务企业的物流货车及配送员，应用北斗车载终端和手环，实现了车、人、货信息的实时调度。

（2）智能手机应用领域。国内外主流芯片厂商均推出兼容北斗的通导一体化芯片。2018 年前三季度，在中国市场销售的智能手机约有 470 款具有定位功能，其中支持北斗定位的有 298 款，北斗定位支持率达到 63% 以上。

（3）智能穿戴领域。多款支持北斗系统的手表、手环等智能穿戴设备，以及学生卡、老人卡等特殊人群关爱产品不断涌现，得到广泛应用。

3. 国际合作

北斗卫星导航系统持续与其他卫星导航系统开展协调合作，推动系统间兼容与互操作，共同为全球用户提供更加优质的服务：

（1）中俄卫星导航合作。在中俄总理定期会晤委员会框架下，成立了中俄卫星导航重大战略合作项目委员会；签署了中俄政府间《关于和平使用北斗和格洛纳斯全球卫星导航系统的合作协定》《中国北斗和俄罗斯格洛纳斯系统兼容与互操作联合声明》，以及《和平利用北斗系统和格洛纳斯系统开展导航技术应用合作的联合声明》等成果文件；围绕兼容与互操作、增强系统与建站、监测评估、联合应用等领域设立联合工作组，开展务实合作，推进 10 个标志性合作项目并取得阶段性进展，完成中俄卫星导航监测评估服务平台建设并开通运行，促进两系统优势互补、融合发展。

（2）中美卫星导航合作。建立中美卫星导航合作对话机制，签署了系统间《中美卫星导航系统（民用）合作声明》《北斗与 GPS 信号兼容与互操作联合声明》，标志着两系统在国际电联框架下实现了射频兼容，北斗系统 B1C 信号与 GPS 系统 L1C 信号达成互操作；在兼容与互操作、增强系统、民用服务等领域设立联合工作组，推动合作交流。

（3）中欧卫星导航合作。成立了中欧兼容与互操作工作组，开展多轮会谈；持续推进频率协调；在中欧空间科技合作对话机制下开展广泛交流。

4. 北斗国际标准化进展

发布了北斗系统规范性文件。自 2011 年起根据北斗系统建设和应用进展，有计划、分步骤地拟制了空间信号 B1I、B1C、B2a 和 B3I 接口控制文件（ICD），性能规范文件（PS），并通过国务院新闻办公室新闻发布会等形式对外发布，是北斗系统提供服务公开承诺的具体表现。

三、用户机的操作与使用方法

以北斗一号用户机为例，其利用北斗卫星导航系统提供的快速定位、报文通信和高精度授时等基本服务，结合用户机端的电子地图、气压测高、图形化用户界面，为用户提供了多种模式的定位、通信、导航、定时、指挥等功能。

（一）用户机分类

北斗一号用户机可分为手持型、指挥型、车载型、定时型等类型用户机。

1. 手持型用户机

手持型用户机具有定位、通信和导航等基本功能，如图 5 - 3 所示。适用单人携带使用，满足单人使用的环境指标要求。

2. 指挥型用户机

指挥型用户机是指拥有一定用户数量的上级管理用户机，除了具有普通型用户机的所有功能外，还能够播发通播信息和接收处理中心控制系统发给所属用户的定位、通信信息。

图 5 - 3 手持型
用户机

3. 车载型用户机

车载型用户机由天线、主机和手持机组成，如图 5 - 4 所示。车载型用户机适用于机动载体完成定位、通信、导航等基本功能，满足车辆等载体使用的环境指标要求。

（二）用户机的使用

1. 用户机的基本组成

手持型用户机是将信号、信息接收、发射、处理部分高度集成，便于携带和使用的一体化机型。用户机的正面包括天线、指示灯、按键等部分，如图 5 - 5 所示。其中天线用以向空间发射或接收信号；指示灯包括电源指示灯、锁定指示灯和发射指示灯；屏幕区用于显示用户的操作界面以及定位、导航、通信等信息，可以通过手写笔操作；按键区包括各种功能键、方向键、紧急定位键、睡眠开关键、数字键等（图5-6）。

图5-4　车载型用户机　　　　　　　图5-5　手持型用户机正面图

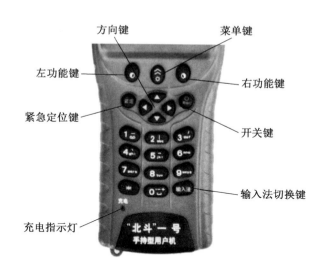

图5-6　手持型用户机按键

2. 用户机的基本操作

（1）开机。确认用户卡和电池安装好之后，拨动用户机底部电源开关，电源指示灯亮起，液晶显示画面。

（2）输入管理信息。用户机在首次使用时，需要首先输入64位十六进制管理信息。正确输入管理信息后，出现"已成功发送"的提示字样后关机重新启动用户机，即可正常工作。重新启动用户机后查看到"本机地址""IC 卡状态""序列号"等相关信息，以此判断管理信息是否输入成功。输入管理信息时输入法状态必须使用半角输入法，但不区分大小写格式。切勿随意修改管理信息。初次开机必须输入，否则无法读取用户卡，可正常工作后不再需要重复输入。用户卡和用户机必须配套——对应，不能互换。

（3）用户界面说明。用户机一般提供触摸屏点击和键盘输入两种方式。键盘操作时，可不需要屏幕点击辅助。可利用方向键进行区域和焦点的切换，当焦点切换到一个图标时，该图标会以动画的形式表示已获取当前焦点。此时，点击"确认"按钮，即可进入相应的功能界面。

用户机触摸屏用户界面分为状态区、功能区和按键区。状态区用于显示或设置基本的状态信息，一般包括波束强度、北斗卫星状态、告警信息、通信信息、时间显示、电源指示等内容。功能区为各种功能界面表现区域，包括输入、输出显示等内容，在不同菜单级内容不同。按键区一般位于触摸屏最底部，通常定义为确认键、菜单键、返回键三个功能按键。

（4）定位功能使用。从定位主界面或各定位子界面的菜单可进入"定位设置"界面。北斗定位的解算方法和精度均与定位参数的设置有关，用户需要根据所处的不同环境条件设置相应的定位参数，包括定位频度、测高方式、高程指示、高程、天线、气压、温度。所设置的定位参数将在以后的定位操作中自动使用。北斗定位包括单次定位、连续定位和紧急定位，当用户选择其一后，可进入相应的定位操作界面。

（5）通信功能使用。一般用户机通信功能提供了收件箱、发件箱、草稿箱等多种形式，相应功能后面的数字标示信息条数。其中，收件箱存放和管理本机收到的电文，发件箱会自动保存和管理本机发送过的电文，草稿箱保存和管理电文草稿，在以后发送电文时，可以直接引用电文草稿，方便电文的快速发送。

此外，用户机还提供了电文删除、电文锁定、回复电文、转发电文、保存地址、地址簿等功能，请参考对应机型的用户手册。

（6）导航功能的使用。用户机提供了完善的导航功能，能够将用户当前的位置和预先设置好的航线进行比较，计算用户当前的速度、方向，估算到下一个航点或最终目标点的距离和时间，当满足某种预设的报警条件时，给出告警提示，以便用户对自己运动的方向和速度进行控制调整。

导航界面包括导航设置、罗盘导航、文字导航等。使用导航功能时，首先进入导航功能界面进行导航参数设置，包括航线、偏航报警距离、报警角度、距离目的提醒距离、是否返航、是否保存、保存时间间隔、是否覆盖。在高级设置中还可设置导航频度、速度显示单位、方向单位、终点提示距离、区域报警门限、点报警门限等，高级设置中的参数不设置时，系统使用默认参数。

用户设定好所有参数，点击"开始"按钮，开始导航。正在导航时，用户可点击"停止"，结束当前导航。

（三）使用注意事项

接收机最适合在开阔地使用。天线应设置在最高处，当附近有高大建筑物、陡峭的崖壁、山脊或处于林地时，要防止遮断天线接收信号，并要尽量避开高压强磁场。在装备上安装接收机时，要尽可能避开热源和有干扰的地方。

按照用户应用系统连接手持机，要求在所有设备连线完毕后方能加电开机，电源连线注意正负极、供电电压范围；若系统出现故障，在可以连接手持机的情况下，通过再次设置接收机解决系统故障。

第二节　全球定位系统及用户机使用

全球定位系统（Global Positioning System）简称 GPS，它是美国第二代卫星定位系统，采用"多星、高轨、测距"的导航体制，能为用户全天候、不间断提供空间点的三维坐标，广泛应用于各类导航、高精度授时、精确制导、指挥决策等领域。

一、系统概况

CPS 全球定位系统是美国于 1973 年开始研制的，1993 年 12 月系统正式建成，主要由空间星座、地面监控和用户接收机三大部分组成。

1. 空间星座

空间星座含有 24 颗卫星，分布在 6 个倾角为 55°的近圆形轨道上，每个轨道上有 4 颗卫星。卫星平均高度 20000 km，运行周期 12 h。这种星座布设可使地球上任何地方、任何时刻可同时观测到 4 颗以上卫星，实现三维定位。GPS 卫星主体呈圆柱形，直径约 1.5 m，两侧有太阳能集电板提供电源，还有驱动系统，用以调整卫星姿态。卫星接收和储存由地面监控站发来的导航信息，并在精确的原子时钟控制下，不断地向地面发送由瞬时卫星位置和相应时刻信息组成的"导航电文"以及测距信号。

2. 地面监控

地面监控部分，由 1 个主控站和数个监测站、注入站组成。监控站负责接收全部卫星播发的信号，并由此确定卫星至监控站接收机的距离，再连同气象数据一并传送给主控站。

主控站根据各监测站对卫星的全部观测数据，计算每颗卫星的轨道和卫星钟改正数，依此外推一天，按一定格式转换为导航电文。当每颗卫星运行至上空时，注入站把导航数据和指令注入给卫星，保证卫星不间断地播发定位电文。

3. 用户接收机

用户接收机主要包括主机、电源、天线和输入输出设备以及数据处理软件等。按定位方法的不同，分为伪随机码接收机和相位测量接收机。军事上主要使用前者，主机通过天线接收卫星定位信号，获得定位观测值，提取导航电文中的星历和卫星钟改正等参数，迅速计算出所在位置和运动方向、速度，并显示在显示器上。它可装载在飞机、导弹、舰艇、车辆上予以定位和导航，还研制有适于单兵使用的便携式定位设备。该系统分精码（P 码）和粗码（C/A 码）实施定位，相应的实时定位精度分别为 10 米和数十米。

二、GPS 的应用

GPS 的应用十分广泛。它能在全球各个地方的接收机，全天候地随时告知所处位置、正在前进的方向和速度，离目的地还有多远，以及是否偏离了预定方向。若把 GPS 作为指挥自动化系统的终端，指挥员能随时了解队伍和重要装备的位置。若将接收机装在巡航导弹上，可自行修正航路偏差，按预定航线击中目标；若装在舰船、飞机和车辆上，可实现自动导航。

GPS 接收机最适于在开阔地使用。当附近有高大建筑物、陡峭的崖壁、山脊或处于林地时，要防止遮断天线接收信号，并要尽量避开高压线、强磁场。在重要装备上安装接收机时，要尽可能避开热源和有干扰的地方，天线应设置在最高处。

便携式 GPS 接收机，特别便于小分队使用。当沿预定路线行进时，先在地形图上测量出起点、中间点（如拐点等）和终点的三维坐标并标记在图上；在起点进行首次定位，并与已标注的三维坐标进行核对，若差值在误差限值之内，即开始行进。行进中不断更新定位，检查坐标的变化是否渐趋于计划中下一点的坐标，当达到预定点坐标 ±100 m 附近时，应利用地形图进一步准确定位。在 1:5 万图上，实地 100 m 对应图上 2 mm。因此尽管误差较大，但仍可采用依图定位。依此，可至终点。

利用 GPS 接收机还可判定方位。即连续更新定位值，能使横坐标值不变，而使纵坐标值增加的方向即为坐标北。越野行进时，还可根据计划中的起点、中间点和终点坐标计算出坐标方位角，依纵、横坐标的增量变化比率所标示的方向行进，即能迅速到达终点。

三、用户机的操作与使用方法

手持式 GPS 用户机，如图 5-7 所示的型号，能够提供简单、直观的操作环境，可同时接收 GPS 和 GLONASS 两大卫星定位系统信号，实现无盲区作业。

（一）基本功能键

该型号手持式 GPS 的基本功能键如下：

（1）电源及背光按键：长按 2~3 秒可开关机；开机状态时按压，可调节背光亮度、查看时间日期、电池电量和卫星信号强度。

（2）操纵摇柄：上下左右操纵，可调整光标所选择的位置；向里按压可进行"确认"。

（3）返回键：按压可返回前一页。

（4）菜单键：按压可弹出当前页面的菜单选项，不同页面按压出现的菜单也会不同。

（5）向上和向下键：按压可调节光标所在位置，在地图页面时按压可放大或缩小显

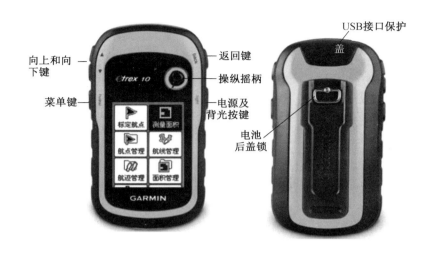

图 5 – 7　按键功能

示比例。

（6）USB 接口保护盖：揭开保护盖可看到 USB 数据传输接口。

（7）电池后盖锁：将锁环提起并逆时针旋转 90 度，即可打开电池后盖。反过来操作即可锁上电池后盖。

（二）开机定位

1. 接收卫星信号

在每次开机后，会以上次关机位置坐标为参考点，并利用已经储存在机器内部的卫星星历资料做推算，计算目前所在位置的上空应该会有哪些卫星，并优先接收这些卫星信号，进行快速定位，具体操作方法如下：

（1）将本机拿到室外较开阔的地点，避免受到高楼与树木的干扰。

（2）开机后，机器会自动开始搜寻卫星信号。

（3）按压电源键可查看目前已接收到卫星信号的强度。

2. 星状态说明

在主界面中选择【卫星】选项，可进入卫星接收状态显示页面。卫星接收页面可分为上下两个部分，分别为【信息栏】与【卫星状态栏】，如图 5 – 8 所示。

（1）信息栏：开机未定位时，信息栏只显示右侧的卫星分布图，完成定位后，左侧出现当前位置的坐标、所选用的卫星系统及估计误差值、海拔高度。

（2）卫星状态栏：开机未定位时显示"正在获取卫星信号"，同时显示已经接收到信号的卫星柱状图，正在获取某颗卫星信号时，图示会以空心柱显示；收到精密星历后，改为实心柱显示。一般情况下，卫星编号在 32 以下的是 GPS 星，编号在 32 以上的是 GLO-NASS 星。

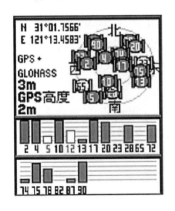

图 5 - 8　搜星结果显示

在卫星页面按【菜单】键可快速将 GPS 关闭以切换到模拟模式；或是修改卫星分布图的方向：分为上为航向（行驶方向朝上）和上为北。

（三）设置基本参数

在主界面中选择【设置】选项，如图 5 - 9 所示，可对信号接收状态和数据连接方式进行调适，使手持机处在最适当模式。

1. 系统的设置

（1）选择"GPS"：只接收 GPS 卫星信号。

（2）选择"GPS + GLONASS"：同时接收 GPS 和 GLONASS 卫星信号，如图 5 - 10 所示。

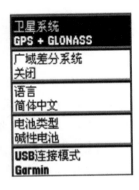

图 5 - 9　设置选项　　　　　　图 5 - 10　系统及选项

（3）选择"模拟模式"：不接收任何卫星信号，以模拟 GPS 的方式操作机器。

（4）"广域差分系统"的调试：可选择开启或关闭广域差分系统。由卫星及地面站台共同组成的系统，能有效校正 GPS 信号，提高 GPS 定位的精准度。在中国地区，需要关闭此功能，因为在中国地区目前并无参考站提供系统广播校正资料，若开启本功能，将会接收到东太平洋的校正资料，此资料地区离中国太远，并不适用。

2. 坐标格式

GPS 包含多种世界各地较常用的坐标显示格式，较常用的种类为：经纬度（度、分表示）、经纬度（度、分、秒表示）、自定义 CGCS2000 格式、六度分带方格坐标（UTM/UPS）等，如图 5 - 11 所示。

（1）坐标格式的转换。默认使用 WGS84 坐标系统，同时提供多种坐标系统可互相转换，中国大陆地区常用的坐标系统有 WGS84、北京 54、西安 80 和 CGCS2000，如图 5 - 12 所示。各个坐标系之间转换时需要注意的事项如下：

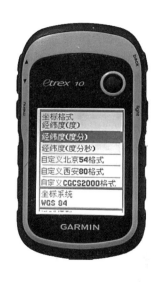

图 5 - 11　坐标格式图　　　　图 5 - 12　坐标格式转换

一是由 WGS84 坐标系统转换到北京 54、西安 80 或是 CGCS2000 坐标系统。需要输入 Dx、Dy 和 Dz 三个参数，在不同地区这三个参数值会不一样，具体数值需要咨询当地测绘部门，每一组 Dx、Dy 和 Dz 参数可适用于十几公里的范围，超出适用范围之后需更换新的参数，否则会导致坐标不准确。使用某一坐标系统时，应使用相同的椭球模型。

二是自定义坐标格式。使用自定义坐标格式时，需输入当地所在 6° 投影带的中央经线经度值。知道某个位置经纬度的情况下，计算中央经线的方法是：将经线的整数部分除以 6，取商的整数部分加上 1，再将结果乘以 6° 后减去 3°，就可以得到当前位置的中央经线值。如：某地经纬度为 N39.95545°、E116.50029°，去经线整数部分除以 6（116/6 = 19.333），取商的整数部分加上 1（19 + 1 = 20），将结果乘以 6°，再减去 3°（20 × 6° - 3° = 117°），所以当地的中央经线为 117°。

（2）坐标系统。GPS内置多种全球各地区使用的大地坐标系统，如图5-13所示。

（3）椭球模型。坐标系统所对应的参考椭球体，GPS惯用WGS84。

（四）标定航点

手持机提供使用者能自行储存或编辑航点资料的功能，最多可自建1000个航点，如图5-14所示。

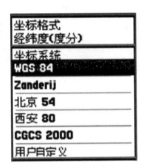

图5-13 坐标系统

图5-14 标定航点

1. 现场标定法

使用者带着本接收机至某个地点后，当机器开机定位完成后，使用者可在主菜单页中点选【标定航点】并【确认】后，即会保存当前位置的坐标，本机会自动编辑航点编号（从001开始编号）。此时，也可根据需要更改标记符号、航点名称、注记或是海拔高度等信息，如图5-15所示。

2. 手动输入法

使用者预先以手动的方式，将已知的点位坐标，逐点输入主航点资料库内，称为手动输入法。不过，此种方式必须先按照"现场标定法"建立一个现场坐标的操作界面，然后再对该位置参数进行编辑，除了前面提及的符号、名称、注记和高度外，还可以编辑该位置所在的地点（坐标），用预先准备的坐标来修改该航点的坐标，即可完成手动输入航点。例如做行程规划时，利用纸质地图预先标定坐标，或是应用已有的点位资料，例如三角点等，都可作为活动路线的参考点，如图5-16所示。

（五）航点管理

为了方便使用者管理所储存的航点，手持机也将【航点管理】选项独立在主菜单页面中，无论是要前往航点或是修改删除，都能由此直接操作，航点信息会以清单方式排列，如图 5 – 17 所示。

图 5 – 15　现场标定

图 5 – 16　手动输入

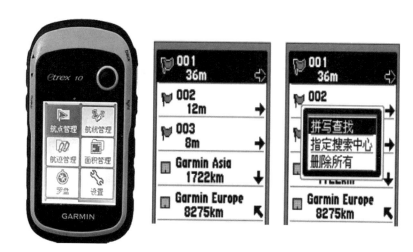

图 5 – 17　航点管理

　　在航点列表页面按【菜单键】有 4 个选项可供选择，分别是：拼写查找：输入关键字对航点进行筛选；指定搜索中心：可设置一个中心点来查看该位置附近的航点，中心点可以是最近查找记录中某一点、航点、当前位置或是地图上某一位置；排序：按距离或按字母顺序对已存入航点进行排序；删除所有：经过确认之后可以快速删除所有航点。
　　点击某一航点之后可进入航点浏览页面，可通过摇柄按钮选中相应的栏位对航点进行编辑，在此页面下按【菜单键】有 3 个选项可供选择，分别是：删除；位置平均——使用位置平均的方法重新将该航点位置定位到当前位置，若该位置离当前位置较远，则会弹出询问提示；添加到航线——可将该航点加入到某一条航线的最末端。

（六）航线管理

手持机提供50条航线编辑的功能，每条航线内最少需放入2个航点，最多放入250个航点，供使用者做导航使用，而这些航线航点的选用，可由航点、城市、最近查找记录等资料选出，若需使用航线，就必须预先建立一些航点，如图5-18所示。

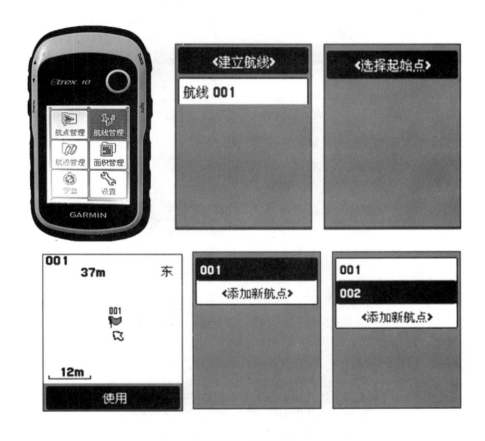

图5-18　航线管理

1. 创建航线

进入主界面中的【航线管理】功能，点选【建立航线】选项，再选择【选择起始点】，画面会切换至搜寻页面，使用者可以从地图上点选最近查找记录、航点、城市中选择起始航点，确认并【使用】后，即可完成第一个航线点的添加。接下来点选【添加新航点】，并重复选择航点的步骤，即可完成一个航线的规划。使用者也可以重复执行【添加新航点】的步骤，向航线内加入多个途经点，一条航线最多可包含250个点。

2. 航线设置

编辑航线时，若要查看或更改所编辑的航点，请选择要修改的航线，执行【编辑航线】选项，并点选要修改的航点，会出现以下五个功能（图5-19）：

图5-19 航线编辑

（1）查看：在地图页面浏览该航点。

（2）往下移：变动此航点在航线中的顺序，向下移动一位。

（3）插入：在所选择的航点前，再插入另一个航点。

（4）移除：从航线中移除该航点。

（5）浏览地图：航线编辑完成，可进入航线选项中的【浏览地图】查看路线。在浏览地图页面中，可通过左侧的上、下键，实现地图比例尺的放大、缩小。

（七）测量面积

手持机测量面积的功能，可在主界面选中【测量面积】快速开启测面积功能，然后选择测量面积的类型，有3种类型可供选择，分别是：航迹测量、等宽测量、航线测量，如图5-20所示。

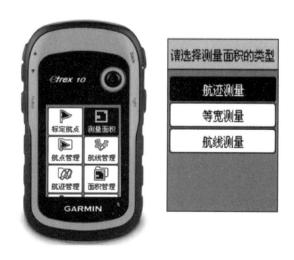

图5-20 测量面积

（八）航迹管理

1. 航迹记录

手持机的航迹记录模式有：距离设定、时间间隔设定与自动记录三种，当本机已完成 3D 定位后，就会以所设定的模式自动开始记录航迹，但是此时资料只是暂存在机器内存中，尚未存档。在记录航迹的过程中，若有关机、卫星信号中断等状况，使得航迹记录产生分段现象，机器都会记录下每段的起始时间，在使用者完成一个行程后，自行进行【存档】选择的动作，而机器暂存航点共有 10000 点，可另存成 100 条航迹使用。建议在完成存档的步骤后，清除原有的暂存资料，以避免行驶新路程时，与旧有路线资料混淆，如图 5 – 21 所示。

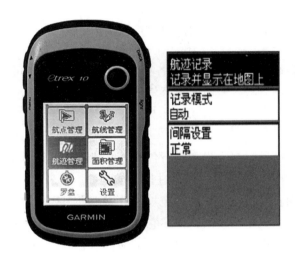

图 5 – 21 航迹管理

2. 航迹设置

使用者可在主菜单【设置】选项的【航迹】中进行航迹的设置，如图 5 – 22 所示。

图 5 – 22 航迹设置

（1）浏览地图、航迹返航。航迹选项中还包括了【浏览地图】功能，能让使用者查看此段航迹的记录范围，如果运用在登山和航海时，地图显示页面下方的【航迹返航】更是不可或缺的帮手。在此页面按【菜单键】可查看航迹的详细信息或是更改地图相关设置。

（2）清除航迹。一是删除当前航迹：在【当前航迹】中点选【清除当前航迹】，会把暂存记录的航迹全部删除。二是删除所有已有航迹：在航迹列表页面按【菜单】键可选择删除所有已有记录。

（3）航迹显示、航迹隐藏。如果使用者已储存一段航迹，可以选择是否要显示在地图中方便参考。

第三节　电子地图常识

电子地图不仅包含纸质地图上表示的各种地形要素，而且还可包含其他现地环境信息，如兵要地志的有关内容等，具有多维环境信息的特点。

一、电子地图的概念

具有地图内涵，能够通过电子设备进行传输，并能在电子计算机控制的屏幕上动态显示与实时处理的图像，叫电子地图。它通过把纸质地图（或航空、航天像片）上离散和连续分布的点、线、面符号及注记，按一定规则分离为一系列离散性的点，测出其空间位置，并按一定的编码、数据结构模式，描述它们的属性、位置和拓扑关系，使之变为电子计算机能够识别、存贮和处理的地形信息，即完成图/数转换；再依数据结构设计出逆反的数/图转换软件，使之能根据需要，在屏幕上集合生成用符号、注记表示的电子地图，或驱动绘图仪还原绘出纸质地图。电子地图示意图，如图 5-23 所示。

根据应用需要，若设计有地形分析的运算程序和相应的数/图转换程序，电子计算机可按指令实施地形分析，并显示或绘出分析图形和结论。

二、电子地图的分类

电子地图按生成方式分为：

1. 数字地图

以数字形式表示地形要素和其他环境信息，并将其储存在磁带、磁盘或光盘等介质上的地图，叫数字地图。它便于电子计算机识别、管理和传输。应用时，通过电子计算机可将其转换成图像（符号）显示在屏幕上，或通过绘图仪转换为纸质地图。

数字地图按其数字化方法的不同，分为矢量数字地图与栅格（像素）数字地图。

（1）矢量数字地图。采用矢量数据格式记录数据的地图，叫矢量数字地图。它的表达式为特征码之后紧跟一组坐标或数据串。

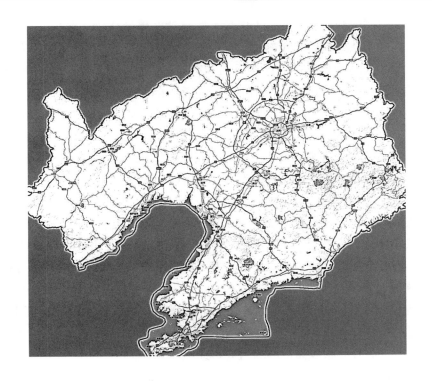

图 5 – 23　电子地图示意图

（2）栅格（像素）数字地图。以一系列大小相同、排列有序的栅格（像素）的灰度值表示的地图，叫栅格（像素）数字地图。它通常利用扫描仪对纸质地图（或像片）进行扫描取得，并由一个图像矩阵表示。

2. 视盘地图

地图的有序录像片，叫视盘地图。它是一种非数字式的模拟地图图像产品，储存在激光视盘（Video Laser Disc，VLD）上。每片 VLD 能储存 54000 帧图像，除地图内容外，还包括图例、附注等信息。通过 VLD 与程序和数据库软件相联系，可快速检索、存取大范围的地图，是一种适于计算机管理的地图品种。

三、电子地图的生成

1. 普通电子地图的生成

视盘地图的获取和数字电子地图的生成，统称为电子地图的生成。前者通过对纸质地图的录像取得，后者生成复杂，通常要经过以下步骤：

（1）准备工作。包括搜集资料，确定数字化方式和地形诸要素的数据结构，以及制定生成的实施细则。

（2）数字化。即获取电子计算机能够识别和处理的地形信息的数字形式。获取的依据主要是纸质地形图或利用航空、航天像片，在自动立体量测仪上取得。当依图获取时，多采用联机方式和手扶跟踪数字化方式，首先将欲数字化的原图固定在数字化台面上，再依预定顺序对原图诸地形要素的点、线、面和其他信息数字化，当移动标示器对准其点时，只要按动相应按键，即可得出该点在数字化台面坐标系中的坐标。全部数字化完成后，再依四个图廓点或邻近四个直角坐标网线交点的实际坐标进行坐标轴旋转和平移，把它们转换为高斯直角坐标，并存贮在磁带、磁盘或光盘上。

（3）图形化处理。依地形要素数字化的数据结构和使用目的，设计出电子计算机能够识别并转换成地形符号和注记的应用程序。若用以地形分析，还应按应用分析所建立的数学模型，设计出地形分析的运算程序和相应分析图形的应用程序。使之通过电子计算机达到数字与图像的转换，为生成电子地图或驱动绘图机输出图形奠定基础。

（4）生成电子地图。按设计的程序将地形信息以图解语言形式显示在屏幕上，或由绘图机还原出纸质地形图，或按地形分析的有关程序显示、输出分析图形及分析结论。

2. 数字高程模型的建立

数字高程模型（Digital Elevation Model）简称"DEM"，它与数字地形模型统称为"DTM"。它是生成电子地图地貌模型多种数据结构模型中的一种。在地形分析领域中应用十分广泛。数字高程模型以离散的均匀分布或不均匀分布的一些点的坐标、高程，构成规则的排列数据，来表示地貌起伏形态。其中应用最多而且较为简单的一种，是依一定间隔将地面划分成矩形网格，以网格交点的高程构成的矩阵来表示地表起伏形态，如图5－24所示。它通常利用纸质地形图或航空、航天像片在自动立体量测仪上建模。其取样方法分手工取样、半自动取样和全自动取样三种。

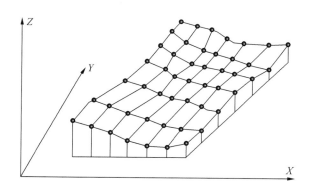

图5－24　均匀分布的数字高程模型

（1）手工取样，通常在地形图上进行，按规定的取点原则直接在图上量取坐标、判读高程，并按数据结构要求作出记录，再由键盘输入电子计算机。这种方法效率低、易出错。

（2）半自动取样，是以仪器量测和记录点的平面坐标人工读取高程。如在摄影立体模型上取样时，带有自动记录装置的立体坐标量测仪自动量测和记录点的 X、Y 坐标；而人工切准模型上的点测量其高程 Z。若利用地图取样，则用手扶数字化仪量测和记录点的平面坐标；其高程由人工按等高线判定。这种方法效率高、精度也好，是目前采用的主要方法。

（3）全自动取样，是由仪器自动量测和记录点的 X、Y、Z 坐标，如自动扫描数字化器等。但目前此类仪器还不够完善，精度不够理想，有待进一步改进。取样点的密度取决于模型精度要求、地形特点和计算机的容量。工程设计和地形分析用的 DTM，取样点密度大。地形复杂地区，取样点也应该多，以防地形失真。但从计算机的容量考虑，点数应尽可能少些。

四、电子地图在消防救援行动中的应用

电子地图应用广泛，是各级指挥人员需要掌握的一项重要技能。

1. 消防救援指挥中的应用

电子地图，是指挥自动化系统的重要组件。消防救援行动中，灾害事故所涉及的大量信息经电子计算机处理后，必须叠加到电子地图上，以便于指挥人员分析判断。救援方案的提出和比较，要在电子地图上进行；定下决心后的行动命令，将通过通信网络直接显示在所属队伍指挥系统的电子地图上。现场态势、实况变化将随时叠加在电子地图上，指挥人员几乎不用等下属作出书面报告，即可根据情况变化实时作出反应。指挥人员可以根据需要随时调选有关区域的电子地图并显示有关内容。还可以将地形信息以立体感很强的电子立体模型显示在屏幕上，以供地形研究。电子地图在行动准备、方案模拟、后勤保障等方面都有着广泛的应用。

2. 地形分析中的应用

电子地图在地形分析中有着极为重要的作用。特别是以 DTM 为结构的电子地图，非常有利于地形分析。

规则网格状的 DTM，能较易利用软件求出任意展望线与网格交点的坐标与高程，并由计算机控制在荧光屏或绘图仪上绘出断面图，以表示该展望线上的地面起伏状况。若定出观察（瞭望）点位置，应用判定两点间通视与否的计算式，即能绘出该观察点对于展望线上的可通视线段和遮蔽线段；若将其引申至视界，则可绘出相应的通视与遮蔽区域。

DTM 的结构形式，反映了相邻点间的高差与坡度。故针对不同装备车辆的越野机动性能，划分出易于机动、机动困难和不能机动的坡度限值后，可由电子计算机绘出适于该装备车辆的越野通行图。

利用 DTM 生成的电子立体模型并结合水流特性，可判出不同地形位置上可能遭受的破坏程度，对水库溃坝后形成的水障范围，在电子地图上可作出动态显示。

随着软件的不断开发，利用电子地图可较快地进行地形多灾种及事故救援参数分析。

3. 定位导航中的应用

电子地图已广泛应用于消防飞机、直升机、船舶和车辆装备的实时定位。即将电子地图与北斗、GPS 等接收机相组合，不断把测得的空间位置传输给屏幕上的电子地图，并以光点闪烁方式连续显示出来，以达到定位导航的目的。

📖 **思考题**

1. 什么叫卫星导航？
2. 全球卫星导航系统有哪些？
3. 北斗卫星导航系统的组成、定位原理和主要功能是什么？
4. 电子地图在地形分析中的作用是什么？

附录一　地形术语及地形常识

1. 地形学：是研究识别和利用地形的一门应用学科。

2. 地形学主要任务：研究地形，揭示地形对行动的制约与影响规律，阐明地形分析的理论、方法和手段，为行动中正确地利用实际地形提供可靠的科学依据。

3. 地形：在地理学中，地形也叫"地貌"。在地形学中，地形是地貌和地物的总称。由于地貌和地物的组合不同，构成各类不同的地形，通常区分为：平原、丘陵地、山地、山林地、石林地、高原、黄土地形、岛屿和海岸、居民地、水网稻田地、江河与湖泊、沙漠与戈壁、草原、沼泽地等。

4. 地貌：是指地表面的起伏状态，如平原、丘陵、山地等，由内应力（地壳运动、火山、地震等）和外应力（流水、冰川、风、波浪、海流等）相互作用而成。一般内应力形成大的地貌类型，外应力塑造地貌的细节。按形态分为山地、丘陵、高原、平原、盆地等。按成因和应力的差异，又分为构造地貌、气候地貌、侵蚀地貌、堆积地貌、流水地貌、岩溶地貌、冰川地貌、风沙地貌等。

5. 地物：是指地面上位置固定的物体，包括人工构筑的物体和自然生成的物体两大类，如居民地、建筑物、道路、江河、森林等。

6. 地球形状：地球是一个两极稍扁、赤道略鼓的椭球体，其最高点珠穆朗玛峰海拔 8848.86 m，最低点马里亚纳海沟海拔 −11034 m。

7. 大地水准面：假想用一个与平均海水面重合，并延伸到大陆的水准面，来代替地球的自然表面，这个表面叫大地水准面。

8. 地心：地球的中心。

9. 地轴：地球自转的轴，它从南到北并通过地心。

10. 地极：地轴与地球椭球面的交点叫地极，又称地理极。位于北端的叫北极，用 N 表示；位于南端的叫南极，用 S 表示。

11. 赤道面和赤道：通过地心，并垂直于地轴的平面，叫赤道面。赤道面与地球表面相交的圆，即最大纬线圈，叫赤道，其周长约为 40076 km。

12. 纬线：平行于赤道的平面（或垂直于地轴的平面）与地球表面的交线称为纬线（或平行圈），纬线是准确的东西方向线。

13. 子午面和经线：通过地面某点且包含地球南北极的平面，叫该点的子午面。子午面与地球表面的交线叫经线圈（又叫子午线圈），子午圈周长平均约为 40008 km。经线是准确的南北方向线。

14. 起始经线：通过英国格林尼治天文台子午仪中心的经线，该线经度为 0°，故叫起始经线，又叫首子午线、本初子午线。

15. 纬度：地球表面某点铅垂线方向与赤道面间的夹角，即该点的纬度。以赤道为 0°，向南、北至极点各 90°。赤道以北叫北纬，以南叫南纬。

16. 经度：地面某点的子午面与首子午面间的夹角，叫该点的经度。由首子午面起向东、西量度，各由 0° 至 180°。在首子午面以东的叫东经，以西的叫西经。

17. 经差：地面某两点的经度值之差。经差与时间有关，经差 1°，时差 4 min；经差 15°，时差 1 h。

18. 纬差：地面某两点的纬度值之差。

19. 地图投影：为解决地球曲面与地图平面之间的矛盾，运用数学原理，按一定的要求，将地球椭球面的点和线相应转绘到平面上的某种方法，叫地图投影。

20. 地图投影的变形：分为长度变形、面积变形和角度变形三种。

21. 高斯－克吕格投影：是一种等角横切圆柱投影，它是十九世纪德国数学家高斯创立，后经克吕格研究改进，把它应用到椭球面上，故称"高斯－克吕格投影"，简称"高斯投影"。其原理是：设想用一个椭圆柱面横套在地球的外面，与某经线（即中央经线）相切，并使圆柱轴通过地心，然后根据等角不变的条件，用数学的方法将地球的经纬线投影到椭圆柱面上。

22. 我国地图投影情况：我国 1∶2.5 万、1∶5 万、1∶10 万、1∶25 万、1∶50 万比例尺地形图，采用的是经差 6° 分带的方法，即以起始经线为零，由西向东每隔经差 6° 为一带，将全球分为 60 个带。我国位于东经 72° 至 138° 之间，共占 11 个投影带，即 13～23 带。1∶1 万及大于 1∶1 万比例尺地形图，采用的是经差 3° 分带方法，并规定中央经线的经度均为整度数。因此，3° 分带就不是从零子午线开始，而是 1°30′ 的经线开始。

23. 高斯投影主要特点是：①中央经线和赤道，投影后成为互相垂直的直线，其余各经线都是曲线，并以中央经线为轴，东西对称；以赤道为轴，南北对称。②投影后无角度变形，即地球椭球面任意两线间的夹角，经过投影后，其大小不变。③中央经线，投影后长度无变形，即中央经线与实地等长，其余各经线都有不同程度的增长，距中央经线愈远，增长愈大。④坐标纵线偏角很小，最大值不超过 3°。⑤各带的投影具有一致性，只要计算出一带的坐标，其他各带均可应用。由于该投影具有精度高、变形小、计算方便等优点，我国目前使用的 1∶5 万、1∶10 万、1∶25 万、1∶50 万地形图都是采用这种投影。

24. 地形图分幅：按一定方式将大面积的地形图划分为尺寸适宜的单幅地形图。

25. 图幅编号：为了查找方便，给每个单幅地形图赋予规律性的代号。

26. 我国地形图的图幅分幅与编号的基础比例尺：1∶100 万。

27. 1∶100 万地形图的分幅与编号：从 180° 经线起，自西向东每隔经差 6° 为一纵列，共分为 60 列，依次以数字 1，2，…，60 表示；再由赤道起，向两极按纬差 4° 各划分 22

个横行，依次以数字 1~22（或字母 A，B，C，…）表示。这样就把地球表面分成了许多块。国际上规定，把这样划分的每一块作为一幅百万分之一地形图的实地范围，并以"横行号 – 纵列号"表示其编号，如：10 – 50。为了标明南北半球，另在图号前冠以 S 或 N。我国领域全在北半球，通常省去 N。

28. 1：50 万地形图的分幅与编号：将一幅 1：100 万地形图的实地范围，按经差 3°、纬差 2°分为 4 块，每块即为一幅 1：50 万地形图的实地范围，并分别以代字甲、乙、丙、丁（或 A、B、C、D）表示，图幅编号样式如：10 – 50 – 丙或 10 – 50 – C。

29. 1：25 万地形图的分幅与编号：将一幅 1：100 万地形图的实地范围，按经差 1.5°、纬差 1°分为 16 块，每块即为一幅 1：25 万地形图的实地范围，并分别以代字 [1]，[2]，…，[16] 表示，图幅编号样式如：10 – 50 – [3]。

30. 1：10 万地形图的分幅与编号：将一幅 1：100 万地形图的实地范围，按经差 30′、纬差 20′分为 144 块，每块作为一幅 1：10 万地形图的实地范围，并按从左至右，从上向下的顺序，分别以代字 1，2，…，144 表示，图幅编号样式如：10 – 50 – 3。

31. 1：5 万地形图的分幅与编号：将一幅 1：10 万地形图的实地范围，按经差 15′、纬差 10′划分为 4 块，每块作为一幅 1：5 万地形图的实地范围，并分别以代字甲、乙、丙、丁（或 A、B、C、D）表示，图幅编号样式如：10 – 50 – 3 – 丙或 10 – 50 – 3 – C。

32. 1：2.5 万地形图的分幅与编号：将一幅 1：5 万地形图的实地范围按经差 7.5′、纬差 5′划分为 4 块，每块作为一幅 1：2.5 万地形图的实地范围，并分别以代字 1、2、3、4 表示，图幅编号样式如：10 – 50 – 3 – 丙 – 3 或 10 – 50 – 3 – C – 3。

33. 根据图幅编号判知地形图比例尺：不同比例尺的地形图，所采用的代字、编号的位数和相同位数上出现的代字样式都各有不同，只要熟记各种不同比例尺的编号格式规律与特征，就能根据地形图具体编号判知其所对应的比例尺。

34. 已知图幅编号，推定四周相邻图幅编号：以 1：10 万图幅编号为例，具有以下规律：位于 1：100 万西边缘的 1：10 万图幅，其左邻编号，纵列减 1，代字加 11。位于 1：100 万东边缘的 1：10 万图幅，其右邻编号，纵列加 1，代字减 11。位于 1：100 万北边缘的 1：10 万图幅，其北邻编号，横行号加 1，代字加 132。位于 1：100 万南边缘的 1：10 万图幅，其南邻编号，横行号减 1，代字减 132。

35. 方位角：从某点的指北方向线起，按顺时针方向量至目标点方向线的水平角。

36. 三北方向线：真北方向线、磁北方向线、坐标北方向线。对应的三种方位角，分别为真方位角、磁方位角、坐标方位角。

37. 真方位角：以真子午线北方向为基准方向的方位角。

38. 坐标方位角：以坐标纵线北方向为基准方向的方位角。

39. 磁方位角：以磁子午线北方向为基准方向的方位角。

40. 偏角：地面点坐标北、真北和磁北方向线之间的夹角叫偏角，也叫三北方向角。有三种类型：磁偏角、坐标纵线偏角、磁坐偏角。

41. 坐标纵线偏角：任意点的坐标北方向对于真北方向的夹角，也叫子午线收敛角。坐标纵线在真子午线以东的为东偏；坐标纵线在真子午线以西的为西偏。

42. 磁偏角：任意点的磁北方向对于真北方向的夹角。磁子午线在真子午线以东为东偏；磁子午线在真子午线以西为西偏。

43. 磁坐偏角：任意点的磁北方向对于坐标北方向的夹角。它是以坐标纵线为基准的，磁子午线在坐标纵线以东的为东偏；磁子午线在坐标纵线以西的为西偏。

44. 地貌类型：常见的地貌类型有平原、丘陵、山地、高原、盆地等。

45. 我国最早论述地形理论的古籍及其基本论点：我国最早论述地形理论的古籍，是公元前6世纪著名军事家孙武所著的《孙子兵法》。《孙子兵法》全书共十三篇，大多数篇章对地形都有论及，其中最集中、最系统的是《地形篇》和《行军篇》。其基本思想是：用兵打仗，贵在正确利用地形。这一思想的基本论点是：①明确了地形的概念。"地"是组织计划战争的客观基础。他说："地者，远近、险易、广狭、死生也。"研究战争要从"道、天、地、将、法"五个方面分析，其中"地"是判定战场容量、用兵数量、敌我兵力和胜负的依据，指出："地生度，度生量，量生数，数生称，称生胜。"②阐明了地形对作战的重要意义。他说："夫地形者，兵之助也，料敌制胜，计险厄远近，上将之道也。知此而用战者必胜，不知此而用战者必败。"又说："知敌之可以击，知吾卒之可以击，而不知地形之不可以战，胜之半也。故知兵者，动而不迷。举而不穷。故曰：知彼知己，胜乃不殆；知天知地，胜乃不穷。"③强调用兵不要唯君命是从，要从地形实际出发。他说："凡军好高而恶下，贵阳而贱阴，养生而处实""战道必胜，主曰无战，必战可也；战道不胜，主曰必战，无战可也。"他特别强调，指挥员只有"通于九变之地利者"，才算"知用兵矣"，否则"虽知地形，不能得地之利矣"。④强调在不同的地形上作战要采取不同的作战措施。他在具体分析了"通、挂、支、隘、险、远"等六种地形及其对车战的影响后，提出在各种不同的地形上作战，要采取不同的作战措施，这才是"将之至任"。他指出："涂（途）有所不由，军有所不击，城有所不攻，地有所不争，君命有所不受。"就是说，作战措施要因敌情、地形的变化而变化。⑤强调在不同的战地作战要采取不同的行动方针。他根据战地的相对位置，区分为九种作战地区，他说"用兵之法，有散地，有轻地，有争地，有交地，有衢地，有重地，有圮地，有围地，有死地"等，提出在不同的战地作战，要采取不同的行动方针和处置方法。

46. 我国的地形特征及其国防意义：我们的伟大祖国，领土辽阔，地形复杂多样，分布有序，特征显著。其基本特征概括起来有三点：①西高东低，呈阶梯状地势。我国位于欧亚大陆，面向太平洋的东斜面上，从整个地势来看，是两条界线、三个阶梯，自西向东，逐级下降。第一阶梯为以昆仑山—祁连山—岷山—邛崃山—横断山一线为界的青藏高原，面积达250万 km^2，平均海拔4500 m，是世界上最高的高原，有"世界屋脊"之称，也是我国地形上最高一级的阶梯；第二阶梯为以第一阶梯边缘线至大兴安岭—太行山—巫山—雪峰山一线的广大地区，面积达450万 km^2，平均海拔1000～2000 m，地表形态主要是一系列高山、巨形盆地、广阔的高原和沙漠戈壁，地形复杂，交通不便；第三阶梯为大兴安岭—太行山—巫山—雪峰山一线以东至海岸线的广大地区，面积达 260 万 km^2，平均海拔 500 m 以下。这一地区，除有少数山地外，大部为平原和丘陵，地势比较平坦，自然条件好，人口集中，工农业和交通发达。②以山地为主的多种多样地形组成了我国三个阶梯面的地形，有山地、高原、盆地、平原和丘陵，各种地形因所处地理位置不同，具有不同的国防意义。③山脉纵横，具有走向排列。我国山地面积广大，纵横全国，分布规则，按一定方向排列有序，形成山脉与高原、盆地、平原相间的网络状布局。东西走向的山脉主要有三列：最北的一列是天山—阴山，中间的一列是昆仑山—秦岭，最南的一列是南岭。东北—西南走向的山脉也是三列，多分布在东部，山势较低，最西的一列是大兴安岭—太行山—巫山—武陵山—雪峰山，中间的一列是长白山—辽东丘陵—山东丘陵—闽浙山地丘陵，最东的一列是台湾山脉。西北—东南走向的山脉，多分布在西部，最北的是阿尔泰山，中间的是祁连山，最南的是喜马拉雅山。南北走向的山脉，纵贯我国中部，有贺兰山、六盘山和雪山。这些山脉构成了我国地形的骨架，把祖国大地分隔成许多网格，分布在这些网格中的高原、盆地、平原以及内海的轮廓形状，都在一定程度上受这些山脉的制约。

47. 地形要素：地形主要由地貌、水系、道路网、居民地、土壤和植被等六大要素组成。这些要素在各种地理环境中相互联系、相互制约。如地貌对于道路网的构成、居民地的分布有着重大制约作用，土壤性质决定着植物特征和地下水的深度。地形要素的组合形式不同，构成各类不同的地带，而每一类地形又有一两种基本要素起着主导作用。例如：平原地起主导作用的要素是道路网和居民地；水网稻田地起主导作用的要素是水系；丘陵地和山地起主导作用的要素是地貌；沙漠与戈壁地起主导作用的要素是土壤；山林地起主导作用的要素是覆盖在起伏地貌之上的森林。

48. 地形排列形状：通常说的地形排列形状，是指具体地形的天然外貌和总体走向，它是决定某一地形对行动影响的重要因素。地形的排列形状常见的有以下七种：①横向地形。是指山脊总体走向及主要川谷通道呈横向的地形。通常有单横向、双横向和多横向地形。横向地形可构成良好依托和屏障。②纵向地形。指山脊总体走向和主要川谷呈纵向的地形。有单纵向、双纵向和多纵向地形。纵向地形易控制其通道和谷口。③三角地形。指天然呈三角形状的地形或由三个能相互通视的制高点或地物所构成的空间形状，有前三角（前2后1）和后三角（前1后2）两种。其在任务行动中的运用特性表现在三点间的相互制约性和三点向心控制的稳定性。④环形地形。是指某一主要制高点、居民地四面受包围的地域。它的应用特性表现在向心的一致性和向外的离散性。⑤凸形地形。是指一条横向山脊或其他主峰呈自然凸出的地形。它具有一定的瞰制性和屏障性，可构成立体多层次救援部署。⑥凹形地形。是指一种向内弧形山脊组成的单层或多层的地形。它具有较好的向心控制力。⑦"V"形地形。通常是由两条或多条山脊交汇而成的喇叭形地形，有正"V"和倒"V"形两种。"V"形地形对森林火灾中的风向影响、滑坡泥石流灾害的发育形成等具有较大影响。

49. 研究地形的方法：研究地形是各级指挥员和战训助理遂行救援任务时的一项重要工作，由于当时的客观条件不同，所以采取的方法亦不相同，通常有：①现地侦察，也称现地勘察。是一种最基本的方法，在现地可以真实直观地了解地形状况，得出科学的分析结论，但易受灾情、时间、气候条件的限制。②利用地形图研究。是一种常用的方法，其优点是不受灾情、气候条件和时间的限制。③利用航空像片研究。是近代广泛使用的一种方法，其优点是能及时获取新颖、详细、真实的地形情况，但识辨地形必须具备一定的判读能力。④利用沙盘研究。其优点是沙盘能形象、直观地显示地形，但沙盘表示地幅受限，且不便携带。⑤利用影视显示系统研究。是现代的一种新方法，其优点是地形显示形象直观，现势性好，研究范围可大可小，研究地形要素细致，可在短时间内研究较大的范围，但摄制地形影视、录相技术要求高，耗资大。⑥利用幻灯研究。幻灯显示地形形象细致逼真，但制作幻灯片数量受限，只能显示局部重点地物地貌。⑦利用专题图研究。专题图能提供某一方面的详细资料，如通视、通行等地形分析成果，为指挥人员正确地利用地形提供可靠的依据。此外，还可根据研究兵要地志、调查当地居民等获取有关地形情况，作为辅助方法。

50. 地形量化及其基本手段：所谓地形量化，就是把复杂的地形条件转化为具体的数据（数据的来源主要是地图）来表示的过程。主要包括地物量化和地貌量化两个方面。地形量化的基本手段目前有两种：一是手工量化，可根据不同的任务确定不同的量化指标，组织人员在地图上量取。手工量化方法灵活，量化指标针对性强，实用性高，但需要人员多，工作量大，周期长，数据更新困难，且不易组织。二是计算机量化，一般要分两步进行：第一步，将地图数字化并输入电脑、贮存磁盘；第二步，利用量化软件对已贮存的"图"自动量化，生成计算机能够识别的数据。计算机量化速度快、效率高、数据易更新、通用性好、组织简便，是很有发展前途的地形量化手段。

51. 地形分析主要内容：①基本情况。按先灾害事故现场、后救援队伍的顺序，叙述救援任务的背景情况，主要写清灾害事故现状、趋势和救援队伍的主要任务。②地形概况。首先从总体上拟写任务地域内地形的属性、基本走向、制高点及各类地物分布情况的分析结论。尔后重点拟写地形各要素对救援指挥、观察、机动、施救、通信联络等方面所产生的影响，必要时可叙述利用或改造的意见建议。③对救援现场地形的分析及情况判断。主要内容有：救援任务地域内，相关地形要素对灾害事故的现状及发展走向等的具体影响，对达成任务目标可能造成的不利因素等。④对救援队伍目前所处地形的分析及决心建议。主要内容有：救援队伍所处地域内的地形状况；相关地形要素对力量配置及行动的具体影响；针对地形状况应当确定的决心及采取的主要战法；依据决心和战法应当确定的力量部署与配置等。

52. 分析研究地形时应考虑的气象要素：在不同的气象条件下，地形可能改变其常态和它的战术特性，所以在分析研究地形时，要考虑气象要素的影响。这些要素主要有气温、风、雪、雨、雾的季节特征和干、湿度、霜冻期的特点。

53. 地形资料：地形资料的种类很多，主要有各种比例尺的地形图、海图、航空图、影像图、航空（天）像片图，各种专题地图（如交通图、地貌图、城市平面图、重力图等）、大地测量成果表、军事地理资料和图集、兵要地志、地理（形）影片和录像资料、地理志以及地形模型等。其中最完整、最全面的资料是各种比例尺的地形图，它是研究地形、分析地形的基本资料。

54. 在地形图上判明地貌起伏状况时应着重分析以下两个方面：①地形总的升降趋势：判定时一般根据山系走向和河流的流向进行，因为山系和水系是地形的基本骨架，河流的流向又是受地形总趋势和大山脉的走向所控制。②主要山脊、山背和山谷的分布及走向，制高点和山坡口的位置，一般高程、高差、坡度陡级、斜面形状、变形地的分布等。在分析判明地貌起伏特征时，应进行必要的图上量测、计算、统计及比较，从而得出比较确切的数量概念，为得出地貌分析结论提供可靠的依据。

55. 在地形图上判别地形类型方法：在地形图上判别地形类型，主要是依照图上等高线和地物特征来判定。区分地形类型时，一般以地貌为主，地物为辅。当地物起主要作用时，则以地物区分。①依图上等高线判定，主要是依照图上等高线的多少、疏密程度和高程注记来判定，如图上等高线多而密集，并有变形地符号，山顶较尖，山脊、山谷狭窄，高差大多在 200 m 以上的地区，则为山地；如图上等高线比较稀疏，且多闭合小圆圈，山脊、山谷圆浑，高地高差大部分在 200 m 以下的地区，则为丘陵地；如图上等高线极少，居民地、道路网符号密集，那就是平原。②依图上地物特征判定，主要是依照地物的种类、性质和分布来判定，如图上地面平坦，江河、沟渠纵横成网，湖泊、池塘星罗棋布，则是水网稻田地；如图上地面平坦，居民地道路稀少，且布满草地符号，则是草原；如图上是山地特点，又普染有绿色森林符号，则为山林地；图上等高线稀疏，植被、居民地、道路极少，且布满棕色沙粒符号，则是沙漠。

56. 在地形图上判别地物的分布特征时，着重分析的地形要素：在图上判别地物的分布特征时，应着重分析以下四种地形要素：①居民地。包括居民地的大小、密度、以及相互的关系位置和概略距离，尤其是大居民地的位置和建筑物的性质。②道路网。包括道路的种类（特别是铁路、公路）、数量、质量、分布和走向，交通枢纽的位置。③水系。包括江河、湖泊、水库和沟渠的分布、大小、流向、流速和容积等情况。④植被。包括植被的种类、分布、高度、密度、面积的大小以及农作物的一般特点。

57. 山、山地：地面起伏显著，高差在 200 m 以上，坡度一般在 30°～50°（有的达 50°以上）的高地叫山。由山岭和山谷组合而成的，群山连绵交错的地区叫山地。沿一定方向有规律分布的若干相邻山岭，因具有脉络形状，故称为山脉。沿一定方向延伸，相互有联系的若干条相邻山脉，称为山系。山地的特点：具有较大的绝对高度，切割深、切割密度大。它以明显的山顶和山坡区别于高原，又以较大的高度区别于丘陵。习惯上把山和丘陵通称为山。地理学按照山的高度，把山地分为极高山、高山、中山和低山四种类型。

153

按照山的成因分为构造山、侵蚀山和堆积山。其中高大的可称"山岳"，如东岳泰山、西岳华山、北岳恒山、南岳衡山、中岳嵩山，是我国著名的"五岳"。

58. 山的基本形态：山，由山顶、山背、山脊、山谷和鞍部五种基本形态组成。

59. 我国的重要山地分布：我国是个多山的国家，山地面积达 300 万 km²，纵横全国，构成我国地形的骨架。这些山地，有的绵延于祖国的边疆，有的分布于内地。①喜马拉雅山、喀喇昆仑山、横断山，耸立在我国西南边防，西起帕米尔，东到中缅边境，绵延在我国与巴基斯坦、印度、尼泊尔、锡金、不丹、缅甸境内，略成向南突出的弧形，构成我国与南亚诸国之间的天然屏障。②天山、阿尔泰山。天山东西横贯于新疆中部，地势险要，山区面积大，纵深宽广。西南天山，位于中俄边境，山势高大险峻，是新疆西部的天然屏障。阿尔泰山，位于新疆北部，呈西北－东南走向，穿越中、俄、蒙三国疆界，是西北边疆的天然防线。③走廊北山、贺兰山。呈东西走向，横穿甘肃与宁夏的北部，北面与蒙古接壤，是连接新疆与内地的纽带。④阴山、燕山山脉，横亘在内蒙古西部和河北北部，东西绵延 1200 余公里，屏障北京、唐山、张家口、大同、包头以北，峰峦叠嶂，地形复杂。⑤太行山、吕梁山。呈南北走向，群山连绵，并列雄峙于晋冀之间，瞰制着河北平原和河套地区。⑥大、小兴安岭，长白山。位于中、俄、朝接壤的边境地区，呈马蹄形，三面环抱着广阔的东北平原。整个山地山高、坡陡、谷深，森林茂密，地形复杂。⑦秦岭。东西横贯我国中部，西起甘陕边境，东至苏皖边界，南北瞰制着汉中盆地、关中平原和长江中游平原，并控制着宝成、陇海、京汉铁路的要害地段，具有重要的战略地位。山区地势宽广、水源丰富、土地肥沃、经济发达、人口众多、交通便利。⑧南岭。由一系列南北走向的越城、都庞、萌渚、骑田、大庾等五个山岭组成，故又称"五岭"。横贯于广西、湖南、广东、江西四省边境。是东南丘陵的主干，是祖国南疆的天然屏障。南岭地势不高，但山岭破碎，不连贯，间有山口隘道，为南北交通要冲。⑨山东丘陵。位于山东境内，东西绵延抵临海滨，整个地势低平，海拔多在 1000 m 以下，是华北地区南侧的天然屏障。⑩闽浙丘陵。指福建、浙江两省大部分地区的山地，大部海拔在 1000 ~ 1500 m，是我国大陆沿海地势最高的山地丘陵，除沿海有部分小面积平原外，大多峰岭耸峙，山丘起伏，河谷、盆地交错，诸山向海延伸，因而形成众多沿海港湾、岛屿。

60. 我国的主要平原分布及特点：地面平坦或起伏微缓，海拔一般在 200 m 以下的广大地区叫平原。它以较小的高程区别于高原。以较小的起伏区别于丘陵。我国平原面积约 90 万 km²，占全国领土面积的十分之一多一点，主要分布在大兴安岭、太行山、巫山、雪峰山以东的第三阶梯上，其中较大的有：东北平原、华北平原、长江中下游平原以及珠江三角洲平原、成都平原、江汉平原、渭河平原等。这些平原主要是由江、河、湖、海的泥沙堆积而成，地势坦荡，水网稠密，土壤肥沃，是我国工农业最发达的地区。我国三大平原及特征：①东北平原。位于大、小兴安岭和长白山之间，由三江平原、松嫩平原和辽河平原三部分组成，南北长约 1000 km，东西宽约 1400 km，面积达 35 万 km²，是我国最大的平原。整个平原山环水绕，沃野千里，物产丰富，地势低平，略有起伏，有众多的河流、湖泊和沼泽。②华北平原。主要由淮河、海河冲积而成，所以又称黄淮平原。华北平原西起太行山和伏牛山，东到黄海、渤海，北依燕山，南至桐柏山、大别山，包括海河平原和黄淮平原南北两大部分，总面积约 31 万 km²，是我国的第二大平原。整个平原由北向南、向东略微倾斜，中、东部地势低平，地面平坦，但多低洼地，著名的有白洋淀、文安洼、大洼以及微山湖、东平湖等。华北平原多以旱田为主，地形平坦开阔，交通发达，人口稠密，物产丰富。③长江中下游平原。主要由长江及其支流冲积而成。长江流出三峡以后即进入中游，地势渐低，流速减慢，沿江两岸山地若即若离，形成的平原宽窄不一、大小不等，包括两湖平原、鄱阳平原、苏皖平原和长江三角洲平原，总面积 20 余万平方公里。它的特点是：地面低平，海拔低（绝大部分地区在海拔 50 m 以下，太湖周围海拔仅 2～3 m），水位高，江河沟渠纵横交错，湖泊池塘星罗棋布，素有"水乡泽国"之称。

61. 我国的主要丘陵分布及特点：地面起伏较缓，坡度一般不超过 30°，高差一般在 200 m 以下（地理学上还限制绝对高度在 500 m 以下）的高地叫丘陵。许多丘陵错综连绵的广大地区叫丘陵地。它是介于山地和平原之间的一种过渡地形，与山地交错，很难划分出一条明显的界限。我国丘陵地总面积约 100 万 km²，约占全国总面积的 10%，在各种不同海拔高度上都有分布，但主要分布在东部第三阶梯上，面积较大的有：辽宁丘陵、山东丘陵、江南丘陵、闽浙丘陵和两广丘陵，在第二阶梯上还有举世闻名的黄土丘陵等。这些丘陵因所处地理位置、气候条件和土质不同，又大体上分为南方丘陵、北方丘陵和黄土丘陵：①北方丘陵。主要指秦岭、淮河以北地区的丘陵地，如辽宁丘陵、山东丘陵。主要分布在辽南、辽西、鲁中南和胶东。这些丘陵的基本特点是：地势较低，平均海拔在 200～500 m，少数山峰达 1000 m 以上，山顶比较平缓，山丘相对独立，山谷比较宽阔，山上树木稀疏不等，河流短浅，谷底农田遍布，物产较丰富，人口稠密，交通发达。②南方丘陵。主要指秦岭、淮河以南地区的丘陵地，如江南丘陵、闽浙丘陵、两广丘陵等。主要分布在长江以南皖、浙、闽、赣、湘、粤等省。这些丘陵的基本特点是：地势较高，平均海拔在 500～1000 m，少数山峰达 1500 m，山顶比较尖峭，坡度较陡，山丘间隙不大，山上林木茂密，满坡披绿，郁郁葱葱，谷底窄平，河水丰满，水田遍布，物产丰富，人口稠密，交通发达。③黄土丘陵。它是黄土高原在水流作用下形成的一种特殊地形，主要分布在晋西和陕北地区。其基本特点是：丘岗起伏，沟谷纵横，峁梁逶迤，地形连绵起伏，千沟万壑，支离破碎，地形断绝严重，谷宽沟深，谷壁陡峭，难以横越。

62. 我国四大高原的分布及特点：地势高（海拔在 500 m 以上），顶面起伏平缓，面积广阔，边缘骤然下降的地区，称为高原。一般以较高的海拔区别于平原，又以较大的平缓地面和较小的起伏区别于山地。我国的高原，主要分布在大兴安岭、太行山、巫山、雪峰山以西第一、二阶梯上，著名的有内蒙古高原、黄土高原、云贵高原和青藏高原：①内蒙古高原。位于我国北部，故又称北部高原。它东起大兴安岭、西止甘新边界，南界祁连山麓和长城，北抵国境线，东西长约 2000 km，南北宽约 500 km，面积约 100 万 km²，是我国第二大高原。它的特点是：海拔一般在 1000～1500 m，地形比较单调、完整，是个起伏细微、辽阔坦荡的高原，相对高差 200~300 m。高原西部大部为沙漠和戈壁，沙漠多为流动沙丘；高原东部大部为草原，少部分为沙地，地面平坦开阔；高原南部有阴山山脉，东部有大兴安岭，西部有贺兰山。②黄土高原。指太行山以西、乌鞘岭以东、长城以南、秦岭以北的广大地区，面积约 30 万 km²，海拔 1000~2000 m，黄土土质疏松，具有直立性，在水流的作用下，逐渐形成一个沟壑纵横，丘陵（梁、峁）起伏，切割破碎的高原。它的主要特点是：千沟万壑，地形破碎。沟壑深数十至上百米，沟壑陡立达八、九十度。③云贵高原。位于我国西南部，西起哀牢山，东止雪峰山，北接四川盆地，南邻广西北部山地。地势自西北向东南倾斜，平均海拔 1000~2000 m。整个高原除黔西、滇中、滇东地面比较和缓外，其余广大地区为崎岖的高山、丘陵和大小不等的山间盆地，所以称为多高山、峡谷的高原。它的特点：一是山间盆地多，面积大小不等。据统计，仅云南就有大小盆地（云南称坝子）1245 个，大的上千平方公里，小的仅 1 平方公里。二是石灰岩岩溶地貌发育，石灰岩分布占整个高原面积的 50%。地面有石芽、石林、峰林、漏斗、洼地等；地下有溶洞、暗河等。④青藏高原。位于我国西南部，界于昆仑山、阿尔金山、祁连山、横断山与喜马拉雅山之间，包括西藏自治区和青海省的全部，甘肃、四川和新疆的一部分。面积约 250 万 km²，平均海拔 4500 m，是世界上最高的高原，是个庞大的"山原"，素有"世界屋脊"之称，是屹立于祖国西南边疆的巨大天然屏障。它的特点：一是地势高亢。它是由一系列高大山系组成的高山大本营，这些高山海拔都在 6000~8000 m，如喜马拉雅山，超过 7000 m 的山峰 50 多座，8000 m 以上的山峰 11 座，地理学家称之为"山原"，所以说"高"是青藏高原的主要特征。二是湖泊多、面积大、海拔高。据统计，仅藏北高原就有大小湖泊 370 多个，约占高原面积的 5%，其中面积在 100 km² 的湖泊有 80 多个，50~100 km² 的 51 个。如青海湖面积 4456 km²，高出海平面 3715 m，是我国最大的咸水湖；纳木措（湖），面积约 2000 km²，高出海平面 4600 m，是世界上最高的湖泊。高原湖泊多，水源丰富，成为我国许多大河大江的发源地。三是气候独特。这里空气稀薄，气压低，氧气少，气温低，对人体影响较大。

63. 泥石流及其在我国主要分布：泥石流指一种含有大量泥沙石等固体物质，突然暴发，历时短暂，来势凶猛，具有强大破坏力的特殊洪流，是一种破坏力很大的自然灾害。多出现在新构造运动强烈、地震烈度较大的山区沟谷中。我国有 3 万条以上，青藏高原是泥石流最多的地区，主要分布在东部高山峡谷区，仅川藏公路的藏境地段就有一百多条，经常断路阻车。

64. 沙漠、戈壁及其在我国主要分布：在地表面覆盖着厚薄不一的沙层，形成广阔的沙砾地区，叫沙漠。在硬土层上覆盖着砾石、粗沙的广阔荒漠地区，叫戈壁，或叫砾漠。我国的沙漠与戈壁分布十分奇特，犹如一条彩带，横亘于北纬 35°至北纬 50°之间，在新疆、青海、甘肃、宁夏、陕西、内蒙古、吉林等省区，有大大小小十几块，总面积达 120 余万平方公里（其中沙漠 60 余万平方公里，戈壁 50 余万平方公里），占据着全国总面积八分之一的土地，其中著名的有：塔克拉玛干沙漠，位于新疆南部，面积达 33 万 km²，是我国最大的沙漠；古尔班通古特沙漠，位于新疆北部，面积约 5 万 km^2；巴丹吉林沙漠，位于河西走廊以北，面积近 5 万 km^2，腾格里沙漠，位于银川、武威之间，面积约 3.7 万 km^2；柴达木盆地沙漠，面积约 3.4 万 km^2；毛乌素沙漠，位于黄河大转弯处，面积约 2.5 万 km^2；乌兰布和沙漠，位于宁夏北部，面积 1 万余平方公里；科尔沁沙地，位于吉林西部，面积约 2.5 万 km^2。

65. 地图要素：构成地图的基本内容，叫地图要素。它包括数学要素、地理要素和整饰要素（亦称辅助要素），所以又通称地图"三要素"。①数学要素，指构成地图的数学基础。例如地图投影、比例尺、控制点、坐标网、高程系、地图分幅等。这些内容是决定地图图幅范围、位置，以及控制其他内容的基础。它保证地图的精确性，作为在图上量取点位、高程、长度和面积的可靠数据，在大范围内保证多幅图的拼接使用。数学要素对于军事和经济建设用图都是不可缺少的内容。②地理要素，是指地图上表示的具有地理位置，分布特点的自然现象和社会现象。因此，又可分为自然地理要素（如水文、地貌、土质、植被）和社会经济要素（如居民地、交通线、行政境界等）。③整饰要素，主要指便于读图和用图的某些内容。例如：图名、图号、图例和地图资料说明，以及图内各种文字、数字注记等。

66. 指北针上的里程表误差检验方法：首先，1∶5 万地形图上选定 10 个方里格，即 10 km；再将里程表指针归零；然后将滚轮放在起点上，并沿坐标线向前滚动，直到 10 km 终点处停止；最后提起指北针，里程表指针若指向 10 km 处，说明里程表完好。若指针所指数值大于或小于 10 km，用时应按其正、负误差值进行适当修正。

67. "地球"概念的最先提出："地球"这一概念，有人认为是亚里士多德最先提出的，经考证最早提出这一概念的是亚里士多德的老师柏拉图。早在公元前四世纪，柏拉图就认为，宇宙中最完善的形式是球形，因而人所居住的大地也应该具备最完美的形式，大地只有呈球形才适应"宇宙和谐性"和"数"的要求。当时柏拉图参加了古希腊的一个学术组织，这个组织将他的研究成果列为组织内部所有，对外严格保密，因此柏拉图的"地球"观很长时间未得到传播，后来他的弟子亚里士多德接受了老师的观点，并在观察了月食等大量自然现象的基础上大胆予以发表。

68. 世界上最先测量出的子午线长度：公元 723—726 年，中国唐朝张遂（僧一行）组织太史监南宫说等人，在今河南省北起滑县，经开封、许昌，南至上蔡，直接丈量了长达 300 km 的子午线弧长，并用日圭测太阳的阴影定纬度。测得地球子午线 1 纬度长为 131.3 km。比国外阿尔·花刺子模的测量早 90 年，是世界首次。

69. 平面直角坐标和地理坐标的区别：两种坐标的共同点是，它们都是用一组数字表示某一点位置的。地理坐标是全世界统一的，是建立在球面（地球表面）上的，是用角度值表示的。平面直角坐标是建立在平面上的，只能在局部地区使用，是用长度值表示的。地理坐标的优点在于能够直接根据天体观测精确地决定地理位置，全球统一，指示目标方便，缺点是不便于计算；平面直角坐标优点在于精度较高，计算方便，在局部地区内表示目标点之间的关系比较容易。缺点是不能直接测得，全球被分成 60 个带，不便统一使用。地理坐标和平面直角坐标虽不同，但又是相互联系的。它们通过投影带的中央子午线、赤道和高斯平面直角坐标的纵、横轴相联系。如已知某点的一种坐标便可换算出另一种坐标，然而换算是复杂的。当队伍用以指示目标，精度要求不高时，可利用大比例尺地形图转换。即根据一种坐标先在图上确定其点位，再依该点位在图上查出另一种坐标值。

70. 地形图上磁北线的确定：在 1：10 万以及更大比例尺地形图的右半幅内，一般都绘有磁北线（或叫 PP'线）。这条磁北线是怎样确定的呢？由于地球内部带有磁性的物质分布不均匀，以及两地极与两磁极位置不一致等原因，各地的磁偏角并不相同，磁北线方向也不相同。大比例尺地形图图幅面积小，在图幅内各点磁偏角虽有差异，但差异甚小。因此，测图中规定：每幅图内须保证测定 5 个以上合格的磁偏角并均匀分布在图幅内，然后将 5 个磁偏角的平均值作为本幅图的磁偏角值，并据此将磁北线绘在本幅图内的适当位置。

71. 北磁极和北极关系：不是一个位置。经 1975 年测定，北磁极位于北纬 76°01′、西经 100°的加拿大北极地带的岛屿附近，每年向北移动 7.5 km，到 2185 年将到达北极。那时，指北针就准确地指北了，地球的北磁极和北极将在一个位置上。到 2400 年它将到达苏联的太梅尔地区。南磁极（位于南纬 65°08′，东经 139°）移动得还要快，每天从南极往澳大利亚方向移动 30 m。

72. 青岛水准原点：水准原点是国家高程控制网的起算点。我国的水准原点设在青岛，故称青岛水准原点。青岛水准原点，是以青岛验潮站 1950—1956 年验潮资料推算的黄海平均海水面为零点，用精密水准测量联测而得的。原点水准标面，用坚硬的花岗岩石柱筑成。为检查水准原点高程有无变化，在原点附近埋设若干个附点和参考点，构成水准原点网。水准原点网是由一个原点，两个附点，三个参考点组成的一个中心多边形水准路线。为检查水准原点的高程有无变化，每隔若干年对原点网各点间的高差重复测定一次，以资考查。

73. 图廓、地形图图廓上绘制的要素：图廓，就是地图图幅的范围线。地形图图廓通常由一组线条组成，分内图廓、分度带和外图廓。内图廓是图幅的实际范围线；分度带在内外图廓间，形式不一，是图廓经纬线的加密分划，通常以经纬差各 1 分为单位；外图廓仅起装饰作用。

74. 世界时区划分：1884 年国际经度会议规定了世界时区划分的方法：以通过英国格林尼治天文台原址的经线为标准线，向东、西经差各 7.5°的范围作为零时区（即中时区），在这个时区内，以零度经线为标准时间，就是格林尼治时间，又称世界时；然后，从零时区的边界经线，分别向东、西每隔经度 15°划分为一个时区（地球自转经度 15°刚好一小时，故称时区），全球共划分成 24 个时区；并规定每个时区都以本区的中央经线的地方时为该时区的统一时间，故为该时区的标准时。例如北京在东经 116°，划在东 8时区，这个时区的中央经线是东经 120°，这样东经 120°的地方时也就作为东 8 时区的标准时。

75. 密位制：将圆周分为 6000 等分，每一等分弧长所对的圆心角为 1 密位，1 密位写成 0 – 01；1246 密位写成 12 – 46。密位是炮兵常用的角度单位。在军用指北针分划盘的内圈上，每一小格为 0 – 20，从"0"刻度按逆时针注记有"5""10""15"，分别代表五百密位、一千密位、一千五百密位。

76. 利用相似三角形测量距离：相似三角形法，多用来测量河宽或其他不便通过的地形。其测量方法是：先站在 A 点面向对岸选一点 B（如独立树）；再向右（或左）转 90°，步测到 C 点，并作记号（如放石头或插树枝），继续前进步测到 D 点，然后由 D 点再向右转（或左）90°，步测前进，并随时注视 B、C 两点，当行至 BC 延长线上的 E 点时即停止。此时 △ABC 与 △DEC 相似。例：步测 AC 为 30 复步，DC 为 15 复步，DE 为 16 复步，若每一复步为 1.5 m，则河宽为 48 m。采用此法，若地形条件允许，可使 DC 长等于 AC 长，这样 DE 长就等于 AB 长；若地形条件不允许，也应尽量使 AC 长为 DC 长的整倍数，用 DE 乘以倍数，即为 AB 长。

77. 现地判定方位：就是在现地辨明东西南北方向。

78. 现地判定方位的主要方法：利用指北针判定、利用北极星和南十字星座判定、利用太阳判定（太阳和时表法、太阳阴影法等）、利用月相判定、利用自然特征判定，以及利用导航定位设备判定等。

79. 利用太阳和时表判定方位为什么要把时数折半：因为地球自转一周是一天，即为 24 小时，而时表转一圈为 12 小时，则时表一天要走两圈才是 24 小时，正好时表转的圈数比地球转的圈数多一倍。所以将每日 24 小时（即当地的地方时）折半。这样，时表和地球的转速就一致了，如果所用的时表是按一圈 24 小时刻划的，时数就不必再折半了。

80. 现地标定地图：就是使地图的上北、下南、左西、右东方位与实地方位一致，以便于现地使用地图。

81. 现地标定地图的主要方法：概略标定、用指北针标定、利用直长地物标定、利用明显地形点标定、利用北极星标定等。

82. 现地确定站立点在图上位置的主要方法：地形关系位置目估判定法、极距法、截距法、后方交会法、磁方位角交会法、定直线法、截线法（侧方交会法）、距离交会法、膜片法等。

83. 目估法确定站立点：当站在明显地形点上时，从图上找出该点的符号，即是站立点在图上的位置；当在明显地形点附近时，可先标定地图，再在图上找到该明显地形点，对照周围地形，根据站立点与明显点的关系，即可判定站立点在图上的位置。

84. 极距法确定站立点：当便于测量站立点到一个现地已知参照点的距离时，可采用此方法：①标定地图；②由参照点在图上的位置向现地参照点描画方向线；③根据距离取图上长而确定站立点。

85. 截距法确定站立点：只有一明显参照点，且无法估算至参照点距离时使用。①标定地图；②由参照点在图的位置向参照点描画方向线并向后延长，③测出参照点之磁方位角；④向左（右）走出一段可测知距离，同理再测角；⑤用密位公式求出站立点至参照点距离，并增加5%修正量；⑥在地形图上截出站立点位置。

86. 后方交会法确定站立点：离站立点较远，图上和现地都有的两个以上明显参照点时使用。①标定地图；②找出图上和现地都有的两个明显参照点；③现地交会：分别由两个参照点在图上的位置向现地参照点描画方向线，并向后延长相交的点即为站立点。

87. 磁方位角交会法确定站立点：图上和现地都有两个明显参照点，但不便从地面瞄准目标时使用。①攀登到树上，选择图上和现地都有的两个参照点，量出两参照点的磁方位角；②在树下附近标定地图；③将所测磁方位角图解在地图上，其交点即为站立点。

88. 定直线法确定站立点：站立点在两明显参照点连线内或延长线上时使用。①概略标定（也可不标）；②两明显参照点连直线；③估测到其中一点之距离，确定站立点。

89. 截线（侧方交会）法确定站立点：站立点在线状地物上或其附近可知距离时。①标定地图；②在线状地物的一侧选择一个图上和现地都有的明显参照点，并描画方向线；③进行侧方交会。

90. 距离交会法确定站立点：装备有手持激光测距仪，且在现地和图上均能看到两个明显参照点时使用。①先照准目标，按动键钮，分别测出现地站立点到两参照点的距离；②计算各参照点距离在图上的长；③分别以参照点在图上的位置为圆心，以所测距离的图上长为半径分别画圆弧，结合两参照点特征判定两圆弧交点中的一个即为站立点。

91. 膜片法确定站立点：图上和现地都有的三个以上明显参照点时使用。①在透明纸上适当位置插一根针，分别由此向各参照点描画方向线；②在图上转动透明纸，使各方向线均能通过各参照点在图上对应的点位，第一个针孔处即为站立点在图上位置。

92. 确定目标点在图上位置的方法：地形关系位置目估判定法、极距法、前方交会法、截线法等。

93. 目估判定法确定目标点：当目标点在明显地形点上时，从图上找出该明显地形点，即为目标点在图上的位置。当目标点在明显地形点附近时，应先标定地图，在图上找出该明显地形点，再根据目标与明显地形点的方位、距离和高差等，将目标目估定于图上。

94. 极距法确定目标点：①标定地图；②确定站立点在图上的位置；③将三棱尺边切于图上站立点，向现地目标描画方向线；④目测站立点至目标点的距离，按比例在方向线上截取相应一点，即为目标点在图上的位置。

95. 前方交会法确定目标点：①选定现地与图上都有的两个明显地形点作为测站点；②在一测站标定地图，并插针，向目标点瞄准，并向前画方向线；③在第二个测站点向目标描画方向线；④两方向线的交点为目标点在图上的位置。

96. 截线法确定目标点：当目标点在线状物体或地性线上时，可在站立点处标定地图后，向目标点描画方向线，与线性特征物的交点即为目标点在图上位置。

97. 目标清晰度与距离关系：

距离/m	目标清晰度
100	人脸部特征、手关节
100 ~ 170	衣服纽扣、水壶、装备的细小部分可见
200	房顶上的瓦片、树叶可见
250 ~ 300	墙可见缝，瓦能数沟；人脸五官不清，衣服颜色可分
400	人脸不清，头肩可分
500	门见开关，窗见格，瓦沟条条数不清
700	瓦面成丝，窗见衬，行人迈腿分左右，手肘分不清
1000	房屋轮廓清楚，瓦片乱，门成方块，窗衬不清
1500	瓦面平光，窗成洞；人行似蠕动，动作分不清
2000	窗是黑影，门成洞，人成小黑点，行动分不清
3000	房屋模糊，门难辨，房上烟囱还可见

98. 现地对照地形的一般顺序：①先主要方向，后次要方向；②先大而明显的地形，后一般地形；③由近及远，由左至右；④先由图上到现地，再从现地到图上；⑤以大带小，由点到面，逐段分片地对照。

99. 现地介绍地形的内容及顺序：现地方位、站立点在图上位置、方位物（3 ~ 5 个不易损坏的特征明显地物或地形点）、当面地形和灾害事故与我关系位置及简要任务部署等。

附录二 计量单位与时区

长度单位进位表

公　　制	市　　制	英　　制
1 公里 = 1000 米	1 市里 = 15 引	1 英里 = 1760 码
1 米 = 10 分米	1 市里 = 150 丈	1 英里 = 5280 英尺
1 米 = 100 厘米	1 市里 = 1500 尺	1 英里 = 63360 英寸
1 米 = 1000 毫米	1 丈 = 10 尺	1 英寻 = 2 码
1 分米 = 10 厘米	1 尺 = 10 寸	1 码 = 3 英尺
1 厘米 = 10 毫米	1 寸 = 10 分	1 英尺 = 12 英寸

长度单位换算表一

公里	市里	海里	英海里	英里	俄里	日里
1	2	0.54	0.54	0.621	0.937	0.255
0.5	1	0.27	0.27	0.311	0.468	0.128
1.852	3.704	1	0.999	1.151	1.736	0.472
1.853	3.706	1.001	1	1.151	1.736	0.472
1.609	3.219	0.869	0.868	1	1.509	0.41
1.067	2.134	0.575	0.576	0.663	1	0.272
3.927	7.854	2.121	2.119	2.44	3.682	1

长度单位换算表二

米	市　尺	英　尺	俄　尺	日　尺
1	3	3.281	1.406	3.3
0.333	1	1.094	0.469	1.1
0.305	0.914	1	0.429	1.006
0.711	2.134	2.334	1	2.347
0.303	0.909	0.994	0.426	1

面积单位进位表

公　制	市　制	英　制
1 平方公里 = 100 公顷 1 公顷 = 100 公亩 1 公亩 = 100 平方米	1 平方市里 = 3.75 顷 1 顷 = 100 亩 1 亩 = 60 平方丈 1 平方丈 = 100 平方市尺	1 平方英里 = 640 英亩 1 英亩 = 4840 平方码

面积单位换算表一

平方公里	平方市里	平方英里	平方俄里	平方日里
1	4	0.386	0.879	0.065
0.25	1	0.097	0.22	0.016
2.59	10.36	1	2.276	0.168
1.138	4.552	0.439	1	0.074
15.426	61.705	5.951	13.556	1

面积单位换算表二

公　亩	市　亩	英　亩	俄　亩	日　亩
1	0.15	0.025	0.009	1.008
6.667	1	0.165	0.061	2.387
40.469	6.07	1	0.371	41.666
108.999	16.35	2.693	1	111.111
0.992	0.149	0.024	0.009	1

世界主要地区时差对照表

地　名	时　间	地　名	时　间	地　名	时　间
北京	20:00	利马	07:00	科纳克里	12:00
旧金山	04:00	华盛顿	07:00	巴马科	12:00
墨西哥城	06:00	纽约	07:00	达喀尔	12:00
危地马拉城	06:00	加拉加斯	07:00	阿尔及尔	13:00
哈瓦那	07:00	圣地亚哥（智利）	08:00	索非亚	14:00
巴拿马城	07:00	蒙得维的亚	09:00	巴格达	15:00
波哥大	07:00	雷克雅未克	12:00	内罗毕	15:00

（续）

地　名	时　间	地　名	时　间	地　名	时　间
达累斯萨拉姆	15:00	贝尔格莱德	14:00	马尼拉	20:00
莫斯科	15:00	柏林	13:00	卡拉奇	17:00
德黑兰	15:30	大马士革	14:00	科伦坡	17:30
伦敦	12:00	安卡拉	14:00	德里	17:30
地拉那	13:00	开罗	14:00	孟买	17:30
斯德哥尔摩	13:00	开普敦	14:00	仰光	18:30
维也纳	13:00	布加勒斯特	14:00	金边	19:00
华沙	13:00	赫尔辛基	14:00	伊尔库茨克	20:00
罗马	13:00	曼谷	19:00	平壤	21:00
布拉格	13:00	河内	19:00	东京	21:00
巴黎	13:00	雅加达	19:30	大阪	21:00
日内瓦	13:00	新加坡	20:00	墨尔本	22:00
布达佩斯	13:00	乌兰巴托	20:00	惠灵顿	24:00

附录三　消防救援相关地形图符号

（摘自 2014 年版《地形图图式》）

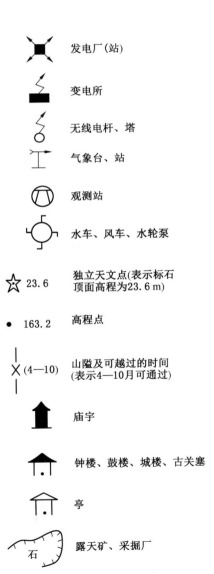

坚固的街区	发电厂(站)
不坚固的街区	变电所
突出房屋 (不依比例尺)	无线电杆、塔
(依比例尺)	气象台、站
独立房屋	观测站
窑洞(地面上的)	水车、风车、水轮泵
(地面下的)	独立天文点(表示标石顶面高程为23.6 m)　23.6
蒙古包、牧区帐篷	高程点　163.2
烟囱	山隘及可越过的时间(表示4—10月可通过)　(4—10)
水塔	庙宇
塔形建筑物	钟楼、鼓楼、城楼、古关塞
煤　煤、铁、铜等矿井	亭
废弃矿井	露天矿、采掘厂
窑	

165

革命烈士纪念碑、像

彩门、牌楼、牌坊

古塔

碑及其他类似物体

不依比例尺的土堆
(比高4 m)

依比例尺的土堆
(比高8 m)

独立大坟

坟地(不依比例尺)

(依比例尺、有树)

独立石(比高6 m)

山洞、溶洞
(洞口直径/深度)

石灰岩溶斗

岩峰
(孤峰)

(峰丛)

盐田

水井 $\left(\dfrac{\text{地面高程}}{\text{井口至水面深}}\text{水质}\right)$

泉

贮水池、水窖

坎儿井

砖石城墙
(比高12 m)

土城墙、围墙

栏栅、铁丝网、
篱笆

堤(主要的)

(一般的)

公路(砾:铺面材料、
6:铺面宽、(8):路
面宽)

里程碑及公里数

简易公路、路标

大车路、行树

乡村路

小路

饲养场(不依比例
尺、依比例尺)

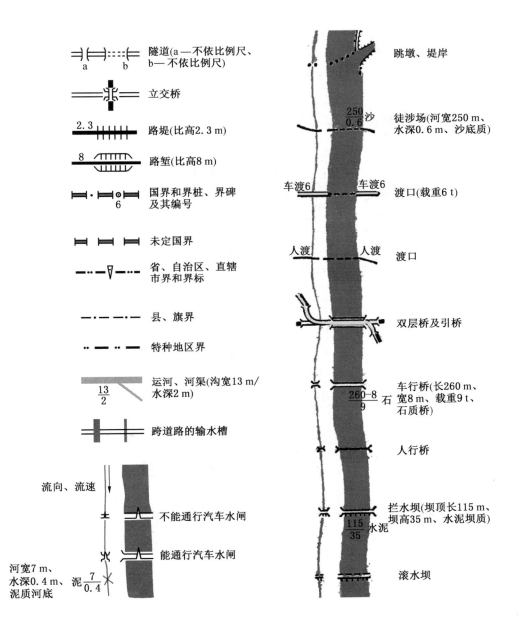

隧道(a—不依比例尺、b—不依比例尺)

立交桥

路堤(比高2.3 m)

路堑(比高8 m)

国界和界桩、界碑及其编号

未定国界

省、自治区、直辖市界和界标

县、旗界

特种地区界

运河、河渠(沟宽13 m/水深2 m)

跨道路的输水槽

流向、流速

不能通行汽车水闸

能通行汽车水闸

河宽7 m、水深0.4 m、泥质河底

跳墩、堤岸

徒涉场(河宽250 m、水深0.6 m、沙底质)

渡口(载重6 t)

渡口

双层桥及引桥

车行桥(长260 m、宽8 m、载重9 t、石质桥)

人行桥

拦水坝(坝顶长115 m、坝高35 m、水泥坝质)

滚水坝

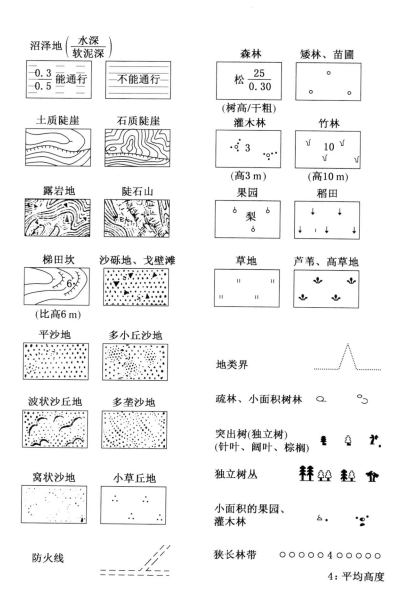

沼泽地 (水深 / 软泥深)

-0.3 / -0.5 能通行   —不能通行—

土质陡崖   石质陡崖

露岩地   陡石山

梯田坎   沙砾地、戈壁滩
(比高6 m)

平沙地   多小丘沙地

波状沙丘地   多垄沙地

窝状沙地   小草丘地

防火线

森林   矮林、苗圃
松 25 / 0.30
(树高/干粗)

灌木林   竹林
3   10
(高3 m)   (高10 m)

果园   稻田
梨

草地   芦苇、高草地

地类界

疏林、小面积树林

突出树(独立树)
(针叶、阔叶、棕榈)

独立树丛

小面积的果园、
灌木林

狭长林带   ○○○○○4○○○○○
4：平均高度

168

参 考 文 献

［1］ 张伟，牛志勇，杨渤海，等．军事地形学［M］．北京：人民武警出版社，2014.

［2］ 何宗宜，宋鹰，李连营．地图学［M］．武汉：武汉大学出版社，2016.

［3］ 蔡孟裔，毛赞猷，田德森，等．新编地图学教程［M］．北京：高等教育出版社，2000.

［4］ 陈俊勇．中国现代大地基准：中国大地坐标系统2000（CG.CS2000）及其框架［J］．测绘学报，2008，37（3）：6-11.

［5］ 毋河海．地图综合基础理论与技术方法研究［M］．北京：测绘出版社，2004.

［6］ 中国卫星导航系统管理办公室．北斗卫星导航系统发展报告（4.0版）［EB/OL］．（2019-12-01）［2019-12-27］http：//www.beidou.gov.cn/xt/gfxz/index_ 1.html.

［7］ 徐童，安普忠．北斗三号全球卫星导航系统开启建设发展新征程［N］．解放军报，2021-03-05.